儿童情商课

如何培养6~12岁孩子的高情商

李世强◎著

花山文艺出版社
河北·石家庄

图书在版编目（CIP）数据

儿童情商课 : 如何培养6～12岁孩子的高情商 / 李世强著. -- 石家庄 : 花山文艺出版社, 2021.5
ISBN 978-7-5511-5656-1

Ⅰ. ①儿… Ⅱ. ①李… Ⅲ. ①情商－儿童教育 Ⅳ. ①B842.6

中国版本图书馆CIP数据核字(2021)第065171号

书　　名：儿童情商课：如何培养6～12岁孩子的高情商
ERTONG QINGSHANG KE RUHE PEIYANG 6~12 SUI HAIZI DE GAO QINGSHANG
著　　者：李世强
责任编辑：温学蕾
责任校对：李　伟
封面设计：久品轩
出版发行：花山文艺出版社（邮政编码：050061）
（河北省石家庄市友谊北大街330号）
销售热线：0311-88643221/29/31/32/26
传　　真：0311-88643225
印　　刷：三河市金泰源印务有限公司
经　　销：新华书店
开　　本：710mm×1000mm　1/16
印　　张：14
字　　数：190千字
版　　次：2021年5月第1版
2021年5月第1次印刷
书　　号：ISBN 978-7-5511-5656-1
定　　价：42.80元

前言

美国哈佛大学的心理学家丹尼尔·戈尔曼曾提出这样一个概念：一个人成功与否，关键不仅在于智商，更在于情商。他把成功分成两个方面：20% 的智商＋80% 的情商。从此，“情商”一词为越来越多的人所熟知，并得到认同：一个人的成功，情商比智商更重要。因此，很多家长逐渐意识到，从小培养孩子情商的重要性。唯有孩子的情商提高了，他们才会在各个方面取得更大的进步。尤其是在 6 ~ 12 岁上小学的这个阶段。孩子刚步入学校，一切都是新的开始，第一次独自面对他们的“社会”，肯定会有很多需要适应、融入的，更会有很多的不适、困惑。这个阶段，是培养孩子情商最重要的一个阶段，唯有培养出孩子的高情商，他们才能更好地融入学校、处理好同学间的人际关系，并且在出现各种负面情绪时更好地自我调节。

每个家长都明白在 6 ~ 12 岁要培养出孩子的高情商，但大多数家长却不知道如何做才能提高孩子的情商，他们往往根据自己的经验或理解去实践，并且往往操之过急，最后得到的效果并不尽如人意。对此，家长们需要明白，培养一定要以科学的方式循序渐进，孩子的情商才会逐步提高。

本书以更科学、更合理的方式，把孩子在 6 ~ 12 岁这个年龄段会出现的情况，以及在这个年龄段如何提高孩子的情商细化为十章，每章一个主题，通俗易懂地为家长们讲解各个方面、各种场合下如何化解孩子的负面情绪、提高孩子的情商，让孩子在这个年龄段更加自如地适应学校环境和人际关系。每一节都以理论和事例相结合的方式，全方位地进行剖析。相信这样的形式对于家长更容易理解，对如何提高孩子的情商也会有更显著的帮助。

最后，希望每一位家长都能在孩子 6 ~ 12 岁这个关键的年龄段帮助孩子提高情商，让孩子在学校、家庭、社会上的任何环境中都能妥善应对，从而更加快乐地生活，健康地成长。

目录

第九章　高情商的父母，是培养高情商孩子的根基

第十章　提高孩子情商，有些“雷区”万不可触及

第一章

情商的高低，决定孩子一生的幸福

情商并非天生，需要家长耐心地教导

对于孩子的教育，现在越来越多的家长除了关心他们的智商之外，还越发重视情商的培养。情商，通俗地讲就是情绪的智力，是智人调控自身情感的能力。情商既然是一种能力，而不是智人的天赋，那就说明这是可以通过后天培养并提高的。因此，家长要想让孩子拥有高情商，从而在上学以后能够更好地融入学校、处理好同学间的人际关系，就需要在孩子的情商培养上多下功夫。

小旭是个有点儿沉默寡言的孩子。家里来了客人，他最多也就是害羞地冲着客人笑笑，然后低头自顾自地在一边玩。因为这样，家里人常常笑他像个小女孩。其实，小旭的性格很像他的爸爸，为人腼腆，比较踏实。小的时候，家里觉得他这样也挺不错，可随着年龄增长，孩子这样的性格渐渐显现出不足来。

刚上小学的时候，小旭给老师和同学的印象就是乖巧、沉默。玩游戏时，他很少和别的同学说话，也很少主动参与。一学期下来，他和班上其他同学说过的话屈指可数。老师把这种情况反馈给小旭的爸爸妈妈，希望在家长和老师的帮助下，孩子能够变得开朗起来。

妈妈觉得孩子以前总是待在家里和爸爸妈妈在一起，跟同龄的小伙伴交流的机会少之又少，因此现在才会这么沉默。为了让小旭多和同龄的孩子一起玩耍，妈妈每次去亲朋好友家做客都会带上小旭，让小旭在玩耍的过程中自然而然地感受到多和人交流的好处。在学校里，老师也鼓励小旭多和同学们一起玩耍。放学回家的路上，妈妈经常耐心地询问小旭今天和哪个同学一起玩了、他在班里记住了多少个同学的名字之类的问题，从而帮助孩子克服交际方面的问题。

除了不爱说话，小旭还有一个问题，就是胆子小。他总觉得自己很多事还做不好，怕被别人笑话，就用回避来解决问题。比如下楼去附近的社区超市买东西，即便在如此熟悉的环境，小旭依然不敢自己去。为了鼓励小旭，妈妈刻意锻炼他在公共场合中独自做事。比如在超市里，妈妈会让小旭去找某样日用品，如果他找不到，就得自己去询问超市管理员。起初，小旭总是不知该如何张嘴，渐渐地，在妈妈的陪伴和鼓励下，他的胆子一天天大起来。现在，小旭已经能够独自外出买东西了。

孩子的性格总是会有这样那样的不完美之处，不过在实际的生活中，这些都是可以改正的。小旭的妈妈现在再也不抱怨、不担心孩子了。她相信，只要和孩子一起努力，时时帮助孩子，一定可以让孩子成长得更好。

孩子可以从家长那里继承来很多东西，比如身体特征、家庭背景等，那么情商是否也可以遗传呢？其实，有一部分是可以的，比如说人的性格。但相对于智商来说，情商的遗传部分少之又少。此外，情商还有一个特点，就是不在某一个时期固定成型，而是随着时间和阅历的增长而改变，所以情商的培养与提高取决于家长对孩子的后天培养，并且情商的提高也是无止境的。

现在，还是有不少家长把目光更多地放在对孩子智商的培养上。诚然，高智商在现在这个社会仍然是非常重要而且实用的优势，把聪明作为对一个人的要求在任何时候都不过时。但情商和智商不是一对反义词，而是一对相互作用、相辅相成的概念，在生活中它们对人的作用都十分巨大。如果一个人在认知能力和社会情感能力这两方面都出类拔萃，那么便能成就更好的自己。

那么，家长如何才能更好地提高孩子的情商呢？这里有几个建议可供参考，希望能够对家长们有所帮助。

孩子的情商培养应该从小抓起，幼儿期是培养孩子情商最关键的时期。这一时期，家长要引导孩子识别基本的情绪，能够对外界的刺激做出相应的反应，让孩子明白情绪与外界事物之间的联系。这是为孩子进一步认识情商、提高情商打下基础。随着孩子年龄的增长，需要学习的内容也就随之增多。在情商的内容当中有很重要的一部分，就是识别他人情绪，学会处理人际关系的技巧。简单地说，就是怎样与别人相处。这是情商中非常重要的一部分。对于孩子来说，这也是社会生活中非常重要的技能。

人的一生都离不开和别人打交道，教孩子学会处理人际关系，也就是提高孩子的情商。这可以说是一个非常漫长的过程，从幼儿期到青春期甚至到成人期，随着时期的变化，交往的对象也在发生变化，处理的方式自然也要有所变化，家长可以以“过来人”的身份和“旁观者”的态度来对孩子进行指导，让孩子在不断的学习之中提高情商。在此过程中，家长也可以在不断的学习和锻炼之中提高自己的情商，和孩子教学相长，共同进步。

一个人除了处理与别人的关系，还需要学会认识自己、了解自己，这样才能严格要求自己、最终战胜自己，走向成功。孩子由于年龄和天性的限制，对自己的客观认识需要通过家长的帮助才能完成。家长就像孩子的“另一个自己”，要帮助孩子更好地认识自己、更好地完善自己，需要家长也在生活中不断地学习、不断地提高。只有在实际的生活中解决实际问题，孩子才能真正提高情商。

高情商的孩子，走到哪里都不吃亏

现代很多人都有一个共识：情商的作用高于智商。那么什么是情商呢？情商是情绪商数的简称，其英文缩写为EI或EQ，是一种自我情绪控制能力的指数，其理论由美国心理学家彼得·萨洛维和约翰·梅耶于1990年提出，属于发展心理学范畴。情商是一种认识、了解、控制情绪的能力。1995年，时任《纽约时报》的科学记者丹尼尔·戈尔曼出版了《情商：为什么情商比智商更重要》一书，引起全球性的情商研究与讨论。因此，丹尼尔·戈尔曼被誉为“情商之父”。他在书中提到，情商包括五个方面的内容：第一个方面是了解自我，就是说一个人可以时刻注意到自己的情感变化，观察和审视自己内心的情感体验，这是情感智商的核心，只有了解自己、认识自己，才能主宰自己的情绪，掌控自己的生活。第二个方面是自我管理，这里指的是能够控制自己的情绪，使之能够适时适度地表现出来，这也就是能够调控自己。第三个方面是自我激励，能够依据自己的目标调动自己的情绪，这当然是指积极的情绪，从而帮助自己出低谷。这三个方面讲的都是有关自身情绪的。第四个方面是指能够识别他人的情绪，能够通过细微的社会信号，敏感地感受到他人的需求与欲望，是认知他人的情绪。这是与他人正常交往，实现顺利沟通的基础。识别了他人的情绪，接下来就是与人交往的技巧了，这也是第五方面的内容，即调控自己对他人的情绪反应的技巧。

情商有如此复杂的内容，那么它有什么作用呢？“情商之父”丹尼尔·戈尔曼这样阐述情商的作用：情商是表示认识、控制和调节自身情感的能力，情商的高低反映着情感品质的差异。可以说，情商对于人的成功起着比智商更加重要的作用。情商主要与非理性因素有关，影响着认识和实践活动的动力。它通过影响人的兴趣、意志、毅力，加强或弱化认识事物的驱动力。智商不高而情商较高的人，学习效率虽然不如高智商者，但是有时能比高智商者学得更好，成就更大。因为，锲而不舍的精神使勤能补拙。另外，情商是自我和他人情感把握和调节的一种能力。因此，对人际关系的处理有较大关系，其作用与社会生活、人际关系、健康状况、婚姻状况有密切关联。对于情感的经营之道，顾名思义也离不开情商的高低了。情商高的人可以很好地处理人际关系，而且具有良好的领导能力。成年之后，这种高情商还会对家庭幸福、婚姻美满起到很大的作用。而低情商的人，由于在处理人际关系方面有障碍，在这个合作与竞争并存的世界，显然竞争力就不如高情商的人了。

欢欢和乐乐是一对相亲相爱的好姐妹，姐姐欢欢上小学三年级，妹妹乐乐上小学一年级，两个人虽然相差没有几岁，可是性情却是大为不同。

欢欢是个懂事的好孩子，不但因为自己比妹妹乐乐大几岁，事事都让着妹妹，而且妈妈不在家时还帮忙照顾妹妹的生活，就像个小大人一样。欢欢常常说："妈妈照顾我们很辛苦，我应该多帮妈妈分担。"因此，她也是妈妈的小帮手，经常帮妈妈干一些力所能及的家务。更因为有妹妹，她很小就懂得分享，在家里是这样，在学校也是这样。她为人大方，和同学们关系都很好，每次从家里带了好吃的和好玩的，都能够和好朋友一起分享，再加上她学习成绩也不错，在学校里很有人缘。

而妹妹乐乐就不是这样了。在家里，她是最小的孩子，爸爸妈妈的宠爱和姐姐的谦让照顾，让她的公主脾气越来越大，在学校里也是要小伙伴们都围着她转才可以。一回到家，她就围着爸爸妈妈告状："我们班的 ××× 可讨厌了，他那么笨，还总是欺负我……"

又到了期末评比，姐姐欢欢再度被评为三好学生，这可是全班同学投票决定的，不仅如此，她还荣升为班长。可是乐乐什么也没有，她的成绩虽然也不错，可是在班里人缘确实不怎么好。这下，乐乐的嫉妒心又冒出来了。看着乐乐不开心的样子，爸爸对她说："你只看到了姐姐的收获，要想想她为什么可以得到这些。人要认识到自己的缺点，对自己有一个正确的评估，这样才能进步。你还有很多需要努力的地方啊。"

上例中的欢欢比妹妹乐乐拥有更高的情商，不但能得到家长的喜爱，在同龄人中也很有人缘。而妹妹乐乐就不同了，虽然学习成绩不错，但情商相对较低的她无法得到周围人的喜爱。

智人在通常情况下的举动，主要是大脑的两个部分操控：一个是情感部分，一个是逻辑部分。高情商的人在日常生活中，可以综合利用大脑中的各个部分，并在大多数情况下运用其大脑皮层部分，在处理事情的时候，表现自然要更好一些。由于对自己有较全面的认识，做事时会有更准确的判断、更妥善的处理方式，再加上自身有一定的承受压力的能力，在处理人际关系时能够更加从容。要拥有良好的人际关系，跟亲朋好友以及同事友好相处，有一点尤为重要，那就是懂得尊重别人，不把自己的意志强加于人。正所谓“己所不欲，勿施于人”，在合作中做到求同存异，才能实现共同发展。

而情商低的人往往情况相反。低情商的人对生活没有一个明确的目标或者计划，即使有了目标，也容易受到他人或者外界的干扰而轻易改变。正所谓：“有志者立长志，无志者常立志。”还有就是难以控制自己的情绪，总是喜形于色或情绪无常，容易怨天尤人，对生活失去希望，也不愿为之努力。此外就是人际关系方面的缺陷。情商低的人无法与人很好地相处，这样的人在生活中可以用诸事不顺来形容了。不懂得合作，就无法做成很多事。比如情商不够的孩子在生活中缺乏伙伴，在学校里与同学关系紧张，这样是不利于身心发展的，对于学习也同样不利。情商的高低可以说是从小就可以体现出来，并且会一直影响孩子的成长，而高情商孩子的竞争优势是非常明显的。因此，作为家长，要从小重视孩子的情商培养，提高孩子的竞争优势。

家长情商的高低，直接决定孩子的EQ

所有的家长应该都听过这样一句话——家长是孩子的第一任老师。由这句话可以看出，孩子的性格和情绪很大一部分会受到家长的影响。可以说，家长这位“老师”自身的修养和水平越高，对孩子的帮助也就越大。如果家长的情商高，就可以在生活中给孩子良好的影响和指导。因此，家长想要提高孩子的情商，首先要努力学习，给自己的情商充电。

妈妈下班一回家，就看见小雪独自坐在客厅里，脸上还挂着泪珠。

要是以前，妈妈肯定又要发脾气，不问缘由就先呵斥小雪，让她不许再哭。不过，妈妈在“冤枉”了小雪几次后，已经逐渐注意到小雪的情绪变化，开始转变自己的方式。因此这一次，她并没有发火，而是询问小雪：“小雪，怎么了，发生了什么事让你这么不开心啊？”

小雪没说话，被妈妈一问，更是一个劲儿流眼泪。这时，妈妈留意到孩子旁边的玩具熊的一只胳膊快掉了，这是小雪最喜欢的玩具。只听小雪哭着说：“妈妈，我的小熊在小朋友抢的时候被弄坏了。”

“妈妈知道你很喜欢小熊，也知道你现在很难过。没关系，先不哭好不好？我们来看看小熊的胳膊还可不可以补救。”

“真的吗？”小雪一下子看到了希望，她擦擦眼泪，对妈妈说道，“妈妈，你一定要帮我弄好小熊的胳膊啊。”

“嗯，好，我帮你看看。但是妈妈也不能保证一定会好。不过不管怎么样，你都不要太难过好吗？”妈妈郑重地说。

小雪想了想说：“好，我答应你。不过，妈妈，就算小熊修不好，我们也不要把它丢掉好不好？”

“嗯，好，怎么会丢掉呢？小熊没有家多可怜啊。我们把它收藏起来，这样你还可以经常看到它。”

“嗯。”小雪开心地答应了。

情商教育其实就是培养孩子拥有一个健康、良好的心理状况。这需要从孩子很小的时候就开始做，而教导孩子认识和正确地对待情绪是其中最基本的部分。情绪是一个比较抽象的存在，用语言来教导孩子进行认识往往没有很好的效果，而且比起抽象的说教，家长的“身教”往往更加有效。说到“身教”，要想当高情商的家长，首先就要学会控制自己的情绪。

先来探究一下情绪是从哪里来的。“情商之父”丹尼尔·戈尔曼的研究告诉我们，人类情绪的来源是本人内心的一套信念系统，外来的事物只不过是诱因而已，内在的信念系统才是决定的因素。情绪是来自人的内心，那么情绪是可以人为控制的吗？答案当然是肯定的，人可以控制自己的情绪。家长的情绪对孩子的影响是非常明显，也十分微妙的。如果家长用愉快的态度陪伴孩子，那么孩子的情绪也会是积极的；如果家长遇到不顺心的事情，和孩子在一起时，这种负面情绪就会影响到孩子。家长如果不懂得控制自己的情绪，经常在孩子面前以一种负面的情绪出现，比如焦虑、暴躁、争吵，甚至拿孩子来出气，这样的行为不仅会影响孩子的情绪，更是会对孩子的身心健康产生长远的不利影响。据统计，不少性格孤僻甚至有暴力倾向的人在小时候曾受到过家长负面情绪的影响，可见家长的情绪对孩子的影响是非常深远的。

一个人的成功，百分之二十得益于智商，百分之八十则是情绪的功劳。因此，家长不仅要学会控制自己的情绪，还要帮助孩子来发展情绪智慧。有两种家长，一种叫作情感疏离型家长，一种叫作情感教导型家长。前一种家长会压抑孩子的情绪，后一种家长懂得帮助孩子去抒发，并且帮他调节情绪，建立情感智慧。情感疏离型的家长比较粗心，属于情商比较低的家长。他们在孩子遇到情绪问题时，会压抑孩子的情绪，让孩子的情绪得不到排遣和抒发，这样是不利于孩子的心理健康的。很多心理问题就是这样积少成多，最终对孩子造成困扰。而情感教导型的家长不会简单地压抑孩子的情绪。他们会帮助孩子梳理情绪，解决情绪问题。举个简单的例子，孩子心爱的宠物猫病死了，面对孩子低落的情绪，情绪疏离型的家长会直接告诉孩子：“猫死了就死了，没关系，再买一只就是了。”说的固然是事实，但孩子的情绪却没能得到重视。如果孩子的情绪总像这样得不到很好的理解和排遣，久而久之，孩子就会习惯性地压抑自己的情绪，变得漠然。与此相对，情绪教导型的家长不会漠视孩子的悲伤情绪，他们首先会肯定孩子的情绪，比如告诉孩子：“我知道你很伤心，我小时候看到心爱的狗死了，也是这样的心情。”一句话肯定了孩子情绪存在的正确合理性。接下来，帮孩子认识情绪，逐渐排解情绪，让孩子知道，人有情绪是自然的，情绪是可以被了解、被疏导、被善用的。经过这种学习，孩子将来如果碰到痛苦或挫折时，就懂得自我抚慰、梳理情绪。长大以后，也会因为了解自我和别人内在的情感世界，比较容易与别人建立良性的关系。

作为高情商的家长，必须懂得理解和尊重孩子的情感。家长要明白的一个道理是：每个人都可以有不同的心理感受和情绪反应。己所不欲，勿施于人，孩子对一件事的情绪反应是没有对错之分的，家长要承认孩子的情绪与自己的情绪之间的差异，不要勉强孩子与自己保持一致。一个人的行为有对错之分，思想也可以有是非之别，但是情绪反应本身是没有错的。家长不要急于否定孩子的情绪反应，不要对孩子的情绪擅自进行自己的“道德审判”。

高情商的家长还应该保持合理的交流方式，注意和孩子保持恰当的说话方式，包括自己的语气、用词等。家长和孩子的说话方式会影响孩子从周围环境中进行学习的方法和内容，也会影响孩子与别人的交往方式。家长与孩子交流时，应该保持一种平和的态度，既要用语言准确表达自己的情绪，也要准确感受孩子的情绪，帮助孩子用语言表达自己的感受和需要，这样才能够帮助孩子更好地和别人进行交流。

欢乐的家庭环境，是培养孩子情商最好的土壤

家庭是孩子成长的摇篮，也是孩子的第一所学校。在这里，孩子要学习的内容非常多，情商就是其中之一。要想孩子学习得更好，这所学校的环境和氛围非常重要。要想造就高情商的孩子，就离不开快乐的家庭环境。

“现在我宣布，我们来举手表决，同意去公园的请举手！”

妈妈举起了手。

“好，现在同意去爷爷家的请举手。”

爸爸一下子把手举得高高的。

他们这是在干吗呢？原来这是津津家的家庭会议，在决定这个周末要去哪里过。由于家人意见不统一，于是决定在“家庭会议”上来举手表决。

津津家就是这样，总是充满着欢乐和笑声。

津津的爸爸妈妈总是尽力给孩子一个宽松民主的家庭氛围。他们不会逼着孩子学习各种特长或者往返于许多补习班之间，对于学习的事，一直是由孩子做主。津津爸爸常说：“我是给孩子帮忙解决她不能解决的问题的，而不是给孩子制造问题的。她自己应该学着当一个有主见的人。”

津津家还有一个约定，就是不许吵架。任何事都要协商解决，要用民主的方式，也就是通过“家庭会议”来举手表决。津津在这样的环境下，人也很随和开朗，从来都不和别人吵架，也不任性。正因为这样，小伙伴们都喜欢和她玩。

为了给孩子一个良好的家庭环境，她的爸爸妈妈可谓想尽一切办法。大人难免会遇到烦心事，但是爸爸妈妈从不会当着她的面吵架。如果真的闹矛盾，就把她送到爷爷家住两天，和亲戚的孩子一起玩耍。

津津也是一个非常懂事的孩子，她常常说长大以后对爸爸妈妈要像爸妈对爷爷奶奶那样好。爸爸妈妈确实是孩子的好榜样。在这样温馨和睦的家庭中，津津一天天快乐地成长。

在快乐的家庭环境中成长起来的孩子，由于受这种轻松愉快的环境的良好熏陶，性格会更加开朗，更加积极阳光，而且更容易感受到生活中的幸福与美好，在和别人交往的过程中也更容易和别人和睦共处。由于有快乐的家庭生活环境，孩子得到的关爱和肯定更多一些，所以孩子也就更加有自信、更加乐观。反之，如果孩子生活在一个充满争吵、冷漠，或者嘈杂、缺乏关爱的环境里，孩子缺乏必要的关爱和安全感，性格就会变得封闭、孤僻，对别人也会显得冷漠。家庭是怎样对待孩子的，孩子长大后自然就会怎样对待他人和社会。一个在不快乐的家庭环境中成长起来的孩子是缺乏自信的，他会对生活充满悲观。有的家长在对待孩子时不顾及说话的方式，说话不假思索，态度也毫不掩饰，甚至有时候会把自己的不如意迁怒到孩子身上。这些家长的态度给年幼的孩子留下了不好的影响，甚至给孩子的内心留下了阴影。这些情绪阴影如果得不到家长的重视，长期堆积在孩子心里，对孩子的成长是极为不利的。

家庭环境的主要营造者是家长，家长的关系在家庭氛围中是主要的影响因素。要想给孩子一个快乐的家庭环境，父母之间的关系首先要融洽，这样才可以给孩子更多的关爱。要想孩子成为一个阳光开朗的人，就要让孩子感受到温暖和关爱。而在家庭中能给孩子这种关爱的就是父母的爱，父母关系的和谐与否直接关系到孩子成长的心理状态。有的家庭总是习惯用争吵来解决问题，孩子就在这样的“战争”中成长，在担心“战争”会爆发的忧虑中生活。这样的家庭环境，往往会给孩子的身心造成伤害，使孩子在忧虑中变得怯懦、退缩和封闭，甚至走向另一个极端：像家长一样，用争吵或暴力来解决问题。长此以往，孩子的性格会变得暴躁，越来越难以控制自己的情绪，甚至成为一个有性格缺陷或暴力倾向的人，这对于孩子的人际交往和成长是十分不利的。

除了与家长的关系外，亲人之间的关系也是家庭环境的重要组成部分。家庭环境不仅仅包括与家长的“小家”，还有与亲人之间的关系。亲人的和睦对于每个人来说都是非常重要的。父慈子孝，兄友弟恭，这种非常融洽的家庭环境会让人变得温和。古语有云：“老吾老，以及人之老；幼吾幼，以及人之幼。”被这样温馨的家庭环境熏陶着，孩子也会变得更加友善，而这种友善在和人交往的时候会自然而然地流露出来。家长要给孩子起到示范作用，孝顺老人，关爱孩子，亲人之间相互帮助、互敬互爱。只有这样，孩子才会潜移默化地接受“孝”这一观念。

俗话说：“远亲不如近邻。”尤其在现代钢筋水泥的“围城”里，邻里之间的关系也并不是很亲近，这很容易给孩子造成一种陌生的生活环境。在力所能及的情况下，邻里之间的关系还是有必要搞好的，以便让孩子的家庭环境能够有所延伸，同时延伸的还有给孩子快乐的环境。更重要的是让孩子学会关爱别人，同时体验到更多的关爱。这对帮助孩子塑造健康的心理是很有好处的。

一个快乐的家庭环境应该是民主的、开放的。这样的家庭里，家长不是包办一切的主宰。快乐的家庭应该是孩子可以说出自己的想法，家长也会尊重孩子、理解孩子，即使有不对的地方，也是耐心地指导孩子改正。在这种平等的家庭关系中成长起来的孩子，思维会更加灵活，更富有创造性。生活在这种环境中的孩子对幸福会有更加深刻的体会，也更能理解别人的感受，在和别人相处的过程中，会把这种平等的观念深入其中，在人际关系的处理中更加游刃有余。

良好的教养，是培养高情商的基石

一个人的情商通常是与教养成正比的。平时我们观察，当你看到一个人情商很高时，这个人往往也会很有教养。例如，他不会轻易发脾气，对待不如自己的人不会总是一副高高在上的样子……正因为这个人的教养，所以会让所有人都觉得他好相处，情商高。因此，当我们在教育孩子、培养孩子的情商时，首先需要从教养入手，教导孩子成为一个有教养的人，那么情商也会随之提高。

李某是农村人，她有一个儿子刚刚，今年10岁了。李某平日在城里打工，她觉得赚钱就要花在该花的地方，因为孩子正在需要教育的年龄，所以她从不吝惜给孩子买书的钱。与此同时，平日只要一有空闲，她就会回家陪儿子，因为她知道，孩子最需要的就是父母的温情陪伴。

李某的妹妹李小妹也在城里打工，她心心念念要嫁一个城里人，最终如愿以偿，还生下了儿子明明。李小妹对明明简直就是百依百顺，孩子现在9岁了，可对金钱毫无概念，因为妈妈那里有的是钱，要多少有多少。李小妹从嫁到城里之后，对姐姐也越来越瞧不起，所以明明对小表哥也充满了敌意。每到李某带着儿子来看妹妹时，总被小外甥明明不客气地挡在门口，明明还喊着："你们两个土包子，来我家做什么？"

一天中午，李某又带了儿子刚刚来妹妹家做客，吃饭时明明翻了几筷子菜就上楼了，并朝着表哥撇了撇嘴，懂事的刚刚装作没有看到，低着头安安静静地吃饭。吃完饭，李某因为下午有事就带着刚刚离开了，刚出门就发现给妹妹装土特产的帆布袋忘拿了，那是她平时做手提袋用的。于是李某折回去拿，可是刚到门口，就听到李小妹说："农村人一点儿眼力见儿都没有，天天来巴结，家里都脏死了。”李某默默地听完，就扭头离开了。当刚刚问妈妈为什么没拿手提袋时，李某摇了摇头，轻轻地对刚刚说：“宝贝，你记住，妈妈不求你以后赚大钱，但希望你做一个有教养的人，尊重每一个人。”刚刚点点头，说：“记住了，妈妈。”

不要让孩子拿金钱去炫耀，也不要让孩子用物质去比较人的优劣。在这个世界上，每个人都是平等的，拥有一个高尚的灵魂比拥有惊人的财富更值得别人尊敬。明明虽然从小拥有富裕的生活环境，但失去了善良的人性，如果得不到及时的矫正，这样的孩子长大后很可能会因为只认钱，而被别人说成毫无教养。李某虽然钱少，但她却懂得怎样教育孩子，用仅有的钱为孩子买书，尽可能抽时间陪伴孩子的成长，这样的母亲该是多么伟大。也正因为这样，她的儿子很有教养，情商比较高，对表弟的无理取闹也选择无视；看到妈妈的尴尬，就知道发生了什么，他用“记住了，妈妈”来回应，那是对妈妈最大的安慰。

孩子在没有形成自己的世界观之前，身为父母，我们要告诉他们哪些是恶的，哪些是善的，哪些事情可以做，哪些事情不能做，还要给孩子实践的机会。“勿以恶小而为之，勿以善小而不为”，让孩子们从点滴做起，在生活中磨炼自己的意志，提高自我控制、自我调节、自我转化的能力，从而养成良好的道德习惯，形成稳定的道德品质，那便是人们口中所说的教养。

有教养的人从不炫耀他的优势：与人交往是人与人之间内心的交流，如果你的言行让别人感到了不快，甚至尴尬，那便是一次失败的谈话。不要让孩子总在别人面前炫耀自己家有多少钱，爸爸妈妈的工作有多么好，这多多少少会让对方感到不舒服。

有教养的人懂得尊重他人。每个人都是平等的，也有不同的优点或者缺点，所以与人相处要懂得尊重他人，不用眼神、表情等微动作让人感到不快，也不对别人的兴趣、爱好和习惯等表示否定态度，更不能凭借自己的看法来指责别人。哪怕真的有不同意见，不吐不快，也要尽量委婉。

《世说新语》中有一篇名为《陈太丘与友期》的短文，说的是陈太丘与友人相约，但因为友人不守时，所以陈太丘就自己先走了。友人来后，对着陈太丘的儿子元方抱怨道："真不是人呀！和别人约好却自己走了。"元方听后，反驳道："您与我父亲约的是正午，您正午没有来，那是您不守信；现在您又对着我骂我父亲，真是太没有礼貌了。"

小小的元方将这位友人说得无地自容，而这位毫无时间观念还口出恶言的朋友，其教养也着实堪忧。因此，一定要告诉自己的孩子，做事要有计划、有安排，守时守信，同时还要注意自己的言行，这些细节都是有教养的体现。

一个人的仪态可以反映出不同的思想境界，既构成外在美，也体现内在美。告诉孩子要注意平日的细节，比如说话要看着对方的眼睛；不能随意打断别人的话；公共交通工具上，要给老人、孕妇和身有残疾的人让座；与长辈说话不能大吼大叫；吃饭不能拿筷子乱翻菜，咀嚼时嘴巴不能有太大的响声，不能边玩手机边吃饭。

一个人的教养，是日积月累形成的，是靠平日的点滴小事表现出来的。因此，让孩子变得有教养，不是朝夕就可以的。家长特别要注意的是，自己平日的言行会直接影响到孩子，而每个孩子都是善于模仿的。给孩子一个纯净的环境，让孩子有教养地成长，唯有养成了良好的教养，才能成为高情商的人。

情商高的孩子，更容易获得幸福

很久以前，央视在街头采访，问过路人一个问题——你幸福吗？回答五花八门，人们对幸福的定义也各不相同。可见，幸福是因人而异的。那么幸福到底是什么，对于人生幸福的体验，情商是否也在其中起作用呢？

答案当然是肯定的。情商高的孩子对于人生中的幸福能够更加容易地体会到，并且还会有更深入的思考。说到这个问题，可以先论述一下情商和幸福的关系。我们都知道，情商高的孩子不管是对自身还是外界的事物都有更深刻的认识。情商的重点内容之一就是人对自己的认识。一个人自然是优点与缺点并存、长处和短处兼备的，如果可以充分认识自己、了解自己，那么一个人必然是充满一种精神，自信但不自满，乐观但不盲目，这是一种正能量。在一个人的生活中，这种精神力量是非常巨大的。如果孩子可以充分认识到自己的优点，办事充满信心，那么他的每一天将会是处在奋斗中且是能感受幸福的。此外，情商的另一点重要内容就是对别人情绪的理解和人际关系的处理。情商高的人在人际交往方面也会是一个成功者，因为他能够更加敏感地观察到别人情绪的变化，这就加大了人与人之间沟通的可能性，而且可以促进友好交流的进一步发展。有了良好的人际关系，办事自然就会更加顺利。在一个氛围和睦的环境中工作、学习或生活，人的精神和心情自然是很愉悦的。在这样的氛围之中，又怎么会感觉不到幸福呢？可以说，高情商可以帮助孩子创造幸福。

情商帮助孩子创造了幸福，在幸福之中的孩子，其情商也在不断提高，能够正确认识自己，并且拥有良好的人际关系。在这样积极的环境之中，孩子的情绪也受到积极的影响，必然会向好的方向发展。在这样不断的锻炼之中，孩子的情商也得到锻炼。人生会不断出现新的问题，需要不断寻找新的解决方法。在这个过程中，需要孩子不断地思考，不断地寻找，并不断地实践。久而久之，孩子的情商得到了有效的锻炼和提高，情商提高了，又会形成新的认识，感悟到新的道理，自然会体验到新的幸福。所以说，情商与幸福是相互促进、相辅相成的关系。二者如同台阶，在各自的提升中，孩子也在逐渐进步着，将会变得更加成熟、更加睿智。

高情商和低情商的人在各自的表现上会有很大的不同。一个高情商的人表现出的是一种乐观、积极、自信的态度，对人生怀有美好的憧憬。他们身上有很重要的一点，就是懂得激励自己，能够控制和调动自己的情绪来帮助自己走出人生的低谷，这其实也是一种勇敢的斗争。一个人最大的敌人是自己，是成功时刻的骄傲自大，是失败时候的灰心丧气，是前进路上的畏首畏尾，是努力奋斗时的懒惰怯懦。如果一个人可以战胜自己的这些消极情绪，那么他就是英雄，是最大的成功者。而努力战胜自己的过程，也是一种幸福，是一种拼搏的幸福、充实的幸福，更是一种胜利的幸福。而这种幸福，是意志薄弱者、情商低下者无法体会到的。

人是一种社会动物，习惯的生活方式是群居。虽然人们现在生活的环境跟以前有很大不同，人口数量也大大减少，一个小家庭生活的独立空间也有限，但是来自外界和别人的认同感、与人交往的必要性是不可或缺的，尤其在交流合作竞争日益激烈的今天，没有人可以脱离社会群体而独立存在。这时候，情商高的人自然是收获更多，良好的人际交往关系可以给人带来很大的好处。在一个和睦的环境中，人的心情也会变好。在这样的环境中，幸福感又怎么会不上升呢？

君君是从农村转学来的孩子。他小时候寄养在爷爷奶奶家，爸爸妈妈在进城打工几年之后，回家在家乡的县城里安了家，把君君也接了过来。

虽然不是什么大都市，但和爷爷奶奶家相比，县城里的生活已经非常豪华了。君君刚来不久，无法完全适应这里的生活，依然保持着自己原来的生活习惯。他是一个节俭的孩子，因为从小看着爷爷奶奶在田里劳作非常辛苦，“谁知盘中餐，粒粒皆辛苦”，在他心里可是有切实感受的。也正因为他简朴的作风，在班上甚至还有同学嘲笑他。一次，一位同学交作业时看见君君在用写过字的纸的背面打草稿，就嘲笑他说：“呦，连张纸都舍不得，真是个小气鬼。”从此以后，“小气鬼”这个外号就流传开了。

妈妈听说后，心里很难过，因为担心这件事会给君君留下不好的影响，她温和地想要安慰君君。没想到，君君却说：“妈妈，没关系，你和爸爸工作很不容易，我觉得现在已经很好了。我每天能吃到妈妈做的饭菜，能坐在教室里读书学习，能有这样的生活我觉得很幸福。我会好好学习，好好回报你们，我的每一天都过得很充实，很快乐。我是一个幸福的人！”

人的幸福感其实很大程度上取决于自己的内心。不同的心境对待同一件事物也会衍生出不同的看法和心情。比如，桌子上有半杯水，这是事实。“唉，只剩半杯了”，这是悲观者的态度。“还好，还有半杯”，这就是乐观者的态度了。而在高情商者的字典中，是没有“悲观”“绝望”这样的字眼的。一样的逆境，有的人可能听之任之、随波逐流，抱怨命运的不公，到头来自然是一事无成；有的人却能够把苦难当成一笔财富，当成前进路上的垫脚石而不是绊脚石，在逆境中锻炼自己，虽然艰辛却依然甘之如饴，最终走上成功的巅峰。通过奋斗而取得最终的成功，这是人生最大的幸福。而这种幸福，需要高情商才能创造，才能领悟创造。

第二章

培养孩子自信，是提高情商的根本

让孩子相信，自己的潜力有无限可能

所谓潜能，通常是指一个人身体、心理素质等方面存在的发展可能性。人在每个成长阶段是不同的，每个人的遗传基因也不同，故而每个人都具有不同的潜能。每个人的潜能也不是只有一种。潜能开发的本质是通过外界的手段把人天生拥有的智慧循循善诱出来，激活已经拥有的知识并掌握新的知识的能力。一个人的潜能开发并不是一蹴而就的，不可能一次性或短时间内开发出一个人所有的潜能，因此不能急于对孩子下结论。家长要教孩子相信自己，敢于挑战，激发自己未知的潜能，获得更大的成功。

“小亮，听说你们学校举办运动会了是吗？”吃饭的时候妈妈问小亮。

“嗯。”小亮低着头。“那你参加了吗？”妈妈问道。

“没有，”小亮说，“长跑，我觉得自己坚持不了。短跑，我更不行了。铅球，我们体育课练习过，可是我……我扔不出去，还被同学笑话了。我知道，我压根就没有运动的天赋。”小亮低着头说道。体育课上被同学笑话的事至今还留在他的脑海里，他因此断定自己没有运动的潜能，索性想放弃锻炼，以免再让自己尴尬。

妈妈并没有生气，也没有责备孩子，“怎么会呢？谁说你没有运动的天赋了。任何运动都是需要技巧的，你没有学习过当然做不好了。但这是训练的问题，而不是天分的问题啊。没有谁一出生就是运动健将，都是后天的刻苦训练得来的。对了，马上要到六一儿童节了，你们学校的文艺演出你有报名吗？”

“没有。我学做广播体操都要好久才能学会，更别说跳舞了。我不要去，我天生就不是跳舞的料。”听着小亮对自己的评价，妈妈说：“怎么可以这么说自己呢？你就对自己这么没有信心啊？你不去试试怎么知道自己做不好？就算有潜能那也要经过开发和展现的机会才能显示出来，就这样武断可是不好的哟。这样吧，我给你讲个故事。”

听了妈妈的话，小亮被勾起了好奇心。

“有个学习钢琴的学生，他拜了一位教授为师。第一周，他去上课的时候，老师给了他一张琴谱，可是难度非常大，明显超过了他当时的水平。老师什么也没说，只是让他在接下来的一周里好好练习。第二周上课的时候，教授又给了他一张琴谱，可是难度比第一次还大，连第一张琴谱他都还没弹熟练呢。情况一直持续到第三周。学生终于忍不住，他问教授：‘老师，我不明白，为什么总是给我这么难的任务，我做不好。’

“教授没有说话，只是让他弹奏一下第一张琴谱上的乐曲。结果，连他自己都没有想到，竟然可以那么流畅地弹奏出来。而第二张乐谱也是如此。

“‘如果我任由你表现最擅长的部分，那么现在你可能还在练习第一张的内容，也就不会有现在这样的水平了。’教授说。”

听了妈妈的故事，小亮确实觉得自己应该踊跃尝试一下。“妈妈，你说得对，不去试试，怎么知道自己不行呢？”

上述事例中的小亮因为别人的评价而不敢尝试新的事物，并且对自己没有信心。而小亮妈妈的应对方式很巧妙，用讲故事的方式来对孩子进行教导，让孩子在故事里的人物身上找到自己的影子，从故事中得到启发，从而改变自己。

关于如何激发孩子潜能，在这里提出几点建议，供各位家长参考。

1．教孩子用自信来战胜胆怯

孩子之所以会觉得自己在某方面失败或觉得自己完成不了，是因为对自己缺乏自信。由于不相信自己，就不敢尝试。没有尝试，自然不知道自己能否胜任，成功则更无从谈起了。家长要帮助孩子树立自信心。人首先要自己相信自己，才能让别人相信自己。尝试才会有机会展现自己，教孩子用自己的信心来战胜不敢尝试的胆怯。孩子的自信，一方面来源于自己的成功，另一方面来自家长的鼓励。

因此，家长要对孩子多鼓励、多赞扬，让孩子得到肯定，然后慢慢建立起信心。有了信心，孩子才会对自己有更多的肯定。即使受挫，相信孩子也能在自信的帮助下重新鼓起勇气。在这种自信之中，潜能才会有被发现的机会。

2．教孩子学会知难而上

正如本节开头事例故事中的教授所言，任由一个人在自己擅长的领域内表演，是永远无法获得新的突破的。相较那些陌生的领域而言，人们更容易在自己擅长的领域内获得成功，故而人们更乐于做自己擅长的事。也正是如此，人们才会失去开发新的潜能的机会。如果敢于向自己的短板或未知的领域发起挑战，那么就意味着有了一个新的开始，并且很可能迎来新的收获。只有一次次战胜困难，才能积累经验、开发潜能。家长要教孩子敢于挑战自己，学会迎难而上，只有这样，才有可能获得新的知识和技能，潜能也得以一步步被开发出来。

3．教孩子不放弃努力

由于年龄的限制，孩子的身体和大脑的发育并没有完成，人生经历更是少之又少，这些都是开发潜能的限制因素。孩子有时候很难意识到这一点，在开发潜能上有些急于求成，容易对自己产生怀疑，容易否定自己。家长要帮助孩子更全面地认识自己，让孩子在能力允许的范围内追求成功。学无止境，随着学习内容的增多，拥有的知识日渐丰富，潜能才可以更好地发挥作用。开发潜能也需要持久的耐心和坚韧的毅力，家长要教孩子不放弃努力，坚持不懈，在不同的年龄段内循序渐进地开发自己的潜力，同时要对自己抱有信心，要相信自己还有很多事没有经历没有尝试，还有无限可能，也就是自己的潜能并没有发挥到极致。

告诉孩子，万不可轻易否定自己

美国的一家心理学机构曾经进行过一项实验，即在学校里随机抽取20名同学，然后当着全校同学的面评价这20名同学都天赋异禀，且将来一定大有作为。当然，这20名同学自己也知道权威人士的评价。十几年过去，那20名被判定会大有作为的同学，全都成为人中龙凤，取得了杰出的成就。他们迄今为止还不知道当年自己被选中完全是随机的，而是误以为自己真的天赋异禀。他们到底是凭着什么获得成功的呢？就是凭着他们的自信。在被权威人士认可和肯定之后，这20名同学都变得非常自信。在漫长的人生路途中，他们遭遇过很多困境，但是从未轻易放弃过。他们坚信一切坎坷磨难都是为了让他们获得成功做准备的，所以他们形成了强大的自信，也在自信中收获了神奇的力量。

这些孩子在被随机选中的时候，对于自己并没有客观中肯的评价，他们正处于对自己深入认知的形成和自信心的建立阶段。正是在这个关键时刻，他们被人授以自信，并顺利建立自信。之后，在自信的巨大力量推动下，他们不断地砥砺前行，排除万难，哪怕遭遇再多的坎坷挫折也绝不放弃，最终取得成功。因此，做父母的，一定要告诉孩子相信自己，不要轻易地否定自己。

五年级的萱萱想学钢琴，自从第一眼看见那个有黑白键的“大家伙”后，她就不可救药地爱上了它，并且发誓要好好学习弹钢琴。

萱萱表明了自己学习钢琴的决心，并且说服了爸爸妈妈答应买钢琴，她兴奋地拉着爸爸妈妈来到琴行。第一次如此近距离地看着心爱的钢琴，萱萱心里止不住地激动，她的手指轻轻拂过琴键，感受来自指尖的美妙。

“你要学习钢琴吗？”一个声音飘进了萱萱的耳朵。

“嗯！”萱萱郑重地回答。只见面前是一个中年男子，他打量了一下萱萱，目光又停留在萱萱还停在琴键上的手指上，然后摇了摇头，又叹了口气，似乎还带着点无奈地说：“你手太小，手指不够长，恐怕不适合弹钢琴。”

“为什么？手小怎么了，我喜欢钢琴，我可以练习啊。”萱萱一听这话，有点急了。要知道，她现在有很大的热情和决心，怎么能够容忍别人说不行呢？

“孩子，你知道的，很多事不是仅靠热情就可以的。音乐这种事，怎么说呢，没有天分，再努力也无法达到顶峰。我自己就是练钢琴的，我知道。”

萱萱心里很难过，这样一位“权威人士”都发了话，自己的信心都受挫了，之前的热情也有些消减。难道自己就真的不适合弹钢琴了吗？

爸爸知道后，对萱萱说：“你觉得你喜欢钢琴吗？你觉得自己行吗？”

萱萱说：“喜欢，当然喜欢了！我是真的想好了要学习钢琴的。我知道学习不容易，可是我会很努力的。”

“那就行了，既然你自己已经下定了决心，又何必那么在意一个陌生人的话呢？他又不够了解你，他说的也不一定就是百分百正确的啊！你要相信自己，也要果敢有魄力，自己的事情要自己拿主意，别人的意见都只是参考，当然更不能因为别人的一句话就轻易否定自己，知道了吗？”

爸爸的话让萱萱吃了一粒定心丸，她决定了要学习钢琴。而且她相信，自己一定可以学得很棒。

果然，仅仅一年，萱萱的钢琴就已经过了四级了。

事例中的孩子在下定决心要学习热爱的钢琴时，却被一位“专业人士”泼了冷水。对自己梦想的否定是每个人都不愿意见到的，于是萱萱也像多数孩子一样对自己产生了怀疑，可是这种否定就一定是正确的吗？萱萱的爸爸给了她答案：相信自己准没错。别人的话都只能是参考，不能因为别人一句片面的话就轻易否定了自己，从而失去一个学习甚至是成功的机会。

由于别人对自己的了解不一定全面，也不是事件的亲历者，因此做出的评价不一定是中肯、客观的。作为家长，要教孩子对别人的意见抱着参考的态度而不是全盘接受。面对别人负面的评价时，孩子更应该保持清醒的头脑，而能够正确判断和对待别人意见的前提和重要基础是，孩子对自己能够有一个正确、客观、较为全面的认识，并且对自己的决定有较为准确的判断。此外，家长要教孩子对自己有足够的自信，不要因为别人的一句话就轻易否定自己的能力。这里有几点建议供各位家长参考。

1．树立自信心是基础

因为对自己有信心，才不会轻易被别人影响。教孩子树立自信，家长就要让孩子意识到自己的能力。要让孩子觉得在遇到一件事时“我能做”“我会做”，鼓励孩子充满信心，而不是遇事畏首畏尾，总是觉得“我做不到”。一个没有自信的孩子遇事时会犹豫不决，如果再有人对孩子提出否定意见或泼冷水，那么孩子很容易人云亦云，也跟着否定自己。因此，帮助孩子树立自信是关键。

2．不要急于否定孩子的意见

有些家庭里，孩子想做一件事，还未着手，一张嘴刚说出想法，家长就斩钉截铁地抛出一句话：“不行，这样不对。”孩子开始做一件事，家长在一旁指指点点：“你不应该这样做，这是不对的。”如果孩子经常遇到这样的情况，久而久之，就会产生这样一种感觉：自己总是错的。这种感觉对孩子来说是很危险的。孩子会随着来自家长的不断否定而变得没有信心，思维能力也会下降，不敢说出自己的想法，这对孩子的性格养成是很不利的。家长要鼓励孩子勇于说出自己的意见，并且以一种尊重、平等的态度来对待，让孩子感觉到自己的意见是被重视的。当别人对孩子提出不同意见，孩子也就不那么容易盲从，不会因为别人的一句话而轻易否定自己。

3．教孩子学会坚持

有句话叫：“既然选择了远方，便只顾风雨兼程。”对每个人来说，人生中重要的决定，一旦下定决心，就不要轻易改变。比如未来发展的方向、自己的兴趣爱好或自己要达到的目标。这些都有可能会受到质疑甚至阻碍，但成功者往往是因为选择了坚持，并且为之不懈努力，才获得了成功。当孩子做决定时，首先要自己有成熟的思考和谨慎的判断，一旦做了决定，就要有风雨无阻的坚持精神，要有毅力和魄力，敢于坚持自己的想法。只要自己有足够的信心和恒心，就没有人可以改变决定。当然了，家长要帮助孩子选择方向，不能让孩子在错误的道路上固执下去。

其实，有不同的意见未必是件坏事。有时候，别人的意见是对的，可以帮助孩子及时矫正。面对别人泼的冷水，家长要教孩子正确对待，把前进路上的阻碍当作动力，让这些声音帮助孩子保持清醒的头脑，时刻有着前进的动力，不断奋斗，最终走向成功。

对于孩子的兴趣，需要给予更多的鼓励

每个人都有自己的兴趣爱好，不同的人有不同的兴趣爱好，孩子也不例外。孩子兴趣的萌发是其接触和了解外界的一个重要手段，是孩子从事实践活动、获得知识、发展能力的一种强大动力，它对孩子的个性形成有重大的作用。健康的兴趣爱好，不仅能丰富人的知识、开阔人的眼界，对人的成长还有着深远的影响。克服困难的动力有时候源自这些健康的兴趣爱好，它能带领人们走出低谷，向新的高地进发。

诚然，一个孩子的兴趣并非与生俱来，而是与后期的成长环境、教育、社会活动息息相关。家庭是孩子一生中最先接触的集体，父母是孩子生活中的第一任老师，对孩子个性与兴趣的培养至关重要。

师师是个讨厌钢琴的小孩，但是妈妈看着别人的小孩都去参加钢琴培训班，自然不甘示弱，强迫师师也去学。有一晚下大雨，师师鼓起勇气问妈妈："下这么大的雨，是不是可以不去参加钢琴培训？"

妈妈一边穿雨衣一边说："学钢琴岂能退缩，下点儿雨就不去了，那你以后怎么干大事？"最后，师师很不情愿地坐在妈妈的自行车后座，来到培训班上课。

钢琴老师让师师温习一下上节课的课程，师师回家后没有练习，弹得很糟糕。老师便皱着眉头责备道："教了你这么多次了，还弹成这样子，你到底学了没有？"然后对师师妈妈说，"看看你家孩子，听听，弹的什么样，没有一点儿钢琴细胞，以后肯定成不了才。"

回家的路上，雨还在下，妈妈不住地数落师师："叫你别出去玩，现在好了，挨骂了，你看看人家弹得多好！以后你必须先按照老师的要求完成练习才能出去

玩，听到了没有？”

第二天清晨，又到了师师练习钢琴的时间。爸爸起床后，像往常一样，洗漱后就坐到客厅里看电视，而妈妈则在厨房里忙着准备早饭。

然而，过了很长一段时间，爸爸也没听到师师的屋里传来钢琴声，他正觉得奇怪，就听到师师的屋里传来一声惨叫。爸爸赶紧跑过去，顿时被眼前惨烈的景象惊呆了：儿子师师竟然在高压下，选择了割脉。爸爸迅速夺过刀子，拨打了120，将儿子送往医院急救。经诊治，师师的手腕上有两处刀伤，而且有一处已经伤及神经，无法完全愈合了。

师师的母亲得知这个噩耗，当场昏厥过去，醒来后，发现自己躺在病床上。此时，她才发现自己以往对师师的要求太严格了，既没有按照师师的意愿来做决定，也完全没有顾虑师师的感受。

师师的悲剧让我们心痛，更让我们反思。父母的愿望成了压垮师师的沉重包袱，最后他选择了自残的方式进行反抗。

望子成龙、望女成凤是家长共同的心愿。一些家长为了让孩子成才，不惜投入大把的金钱，牺牲大量的宝贵时间，用心不可谓不良苦。然而，父母不顾孩子的意愿，强迫孩子去做一些他们不感兴趣的事情，这样不仅不利于他们的身心发展，甚至有可能酿成悲剧。

因此，对于孩子的兴趣爱好，父母要做的不是强迫，而是引导，只要孩子的兴趣爱好不是有害的或不良的，父母就要尊重和鼓励孩子。家长出于自己单方面的美好愿望，强迫孩子去做一些他们不喜欢或是不感兴趣的事情，并不能让孩子更好地成长。事实上，这种把自己的好恶加在孩子身上的做法，往往会成为孩子的负担，继而激起孩子的逆反情绪。

心理学家指出，作为家长，我们应该尊重孩子的兴趣。如果父母在孩子童年的时候，对其进行培养、引导，而不是用一种强制的方式去要求，则孩子日后的发展将更加健康。父母只有充分地了解孩子、尊重孩子，从而发现孩子的潜力，按照孩子的潜力方向去培养孩子，把孩子的天赋培养出来，孩子才更容易成才。

那么，家长应该如何去对待孩子的兴趣爱好，怎么培养孩子的兴趣爱好呢？

作为父母，我们应该从以下几个方面入手：

1. 呵护孩子萌生的兴趣，升华孩子的爱好，让孩子受益一生

不同年龄的孩子，有不同的兴趣爱好。与成人相比，孩子们的兴趣爱好有着很大的不同，很多时候，成人觉得无聊，而孩子却觉得其乐无穷。家长们如果按照自己的观念去培养孩子的兴趣爱好，那只会适得其反。如果能够以孩子的视角去看某些事情的话，结果就会不一样。

在生活中，我们时常可以看到，孩子爱看蚂蚁搬家、打架。如果此时，父母注意孩子的行为，陪他们一起看，并找准机会提出一些针对性的问题，例如："蚂蚁的身体有几部分？""蚂蚁的家在哪里？""蚂蚁为什么要搬家？"如果孩子回答不上来，也不要去指责孩子，而是鼓励孩子去发现知识，掌握知识。

孩子的兴趣爱好是孩子最好的老师，而父母要做的，是帮助孩子在兴趣爱好中发现自己，了解自己，同时加以引导，让孩子的兴趣爱好成为他们终身受益的成长点。

2. 创造活泼轻松又不乏智慧的家庭氛围

孩子最开始的爱好往往来自家庭，父母要善于利用家庭氛围来感染、强化孩子的兴趣爱好。历史上众多的中外名人都是因为小时候养成的良好习惯和兴趣而最终取得巨大成就的。

英国著名生物学家达尔文从小就喜欢观察昆虫，他的父母也很支持他，并鼓励他去这么做，他也以此为爱好，于是对昆虫的认识和知识也逐渐地增多了。后来达尔文凭借着对自然的满腔热爱，锲而不舍地反复钻研，最终成为一名了不起的生物学家、博物学家。

3. 父母应在生活中为孩子创造良好的外部环境

模仿是孩子的天性，孩子一开始学习就是通过不断的模仿，然后经验积累到一定的程度之后，才会掌握一定的知识和技能。

战国时期的哲学家、教育家孟子之所以能成为儒学的集大成者，他幼时的成长环境功不可没。正因为孟子的母亲深切地认识到环境对一个人的重要性，所以才有了“孟母三迁”的故事。因此，在生活中，学习固然重要，但是学习的环境同样不容忽视。

4. 孩子的兴趣爱好并不是永久不变的，随着时间的推移，孩子的兴趣爱好会有所增加或扩充

孩子天生好动、好新奇，看到一样新的事物，注意力往往会转移过去；例如，看到别的孩子玩乐器，他也想要玩乐器；看到别的孩子捏橡皮泥，他也想去捏橡皮泥。因此，家长最初往往很难把握孩子的兴趣所在，只能通过长期的观察和了解，才能渐渐摸清孩子到底对什么感兴趣。这时候，家长应该在适当的时候引导孩子，培养孩子的兴趣，让孩子真正找到自己的兴趣点。

5. 生活中，父母要给予孩子鼓励和善意的表扬

对于孩子而言，父母的鼓励不仅仅是几句话语，更是鼓励孩子不断向前的强大动力。除了饱含爱意和肯定的温暖话语，一个微笑、一个亲吻，都是对孩子最好的肯定。

6. 父母应该陪孩子做一些孩子感兴趣的事情

父母是孩子心中的偶像，孩子的很多行为都是模仿父母得来的。如果父母能陪孩子完成一件孩子感兴趣的事情，那孩子肯定会更加高兴。例如，孩子喜欢玩沙子，父母可以陪孩子一起铲沙子，用玩具车把沙子装到一个地方再卸掉。这样，既锻炼了孩子的动手能力，又培养了亲子关系。另外，当孩子对一些坏习惯比较好奇，而且有意模仿的时候，父母就需要对这种行为进行劝导，并及时改正自己的坏习惯。

7. 父母应该发现孩子的优势所在，从而重在培养孩子在这方面的才能

如果您的孩子酷爱画画，那就需要在画画方面多引导他；如果您的孩子很喜欢跳舞，那么不妨买一些舞蹈视频给他。发现了孩子的优势，再去培养孩子的优势，这样孩子才能有所成就。

孩子的教育问题不仅是学校的问题，还包括社会教育和家庭教育，这三者构成了孩子教育的共同体，缺少任何一方的教育都可能使孩子走上一条不正确的道路。作为家长，应该始终牢记孩子的教育与自己息息相关，变体罚孩子为鼓励孩子，变控制孩子为体谅孩子，从而促进孩子身心健康成长。

教孩子自我激励法，看着镜子鼓励自己

在孩子步入小学后，总会因为各种各样的事情而产生自卑的情绪。例如，有的孩子因为自己长了两颗犬齿而自卑，有的孩子因为父母长得不帅不漂亮而自卑，还有的孩子仅仅因为自己的头发不够乌黑亮泽而自卑。总而言之，孩子总会因为一些在大人看来不值一提的小事而感到自卑。为了改变孩子自卑的状态，也为了避免自卑给孩子的学习和生活带来负面影响，父母一定要帮助孩子建立自信，这样孩子才会更加健康、向上地成长。

李渊今年 11 岁，是个懂事的男孩。他学习认真，成绩也不错。不过，他不怎么喜欢跟人打交道，因为他个子比较矮，为此很是自卑，生怕被人嘲笑。

随着年龄的增长，李渊的个性越发封闭，身高给他带来的自卑感甚至波及生活、学习的很多方面。学校的演讲比赛，他不敢参加，因为担心被人嘲笑身高；班会发言，他也总是推三阻四，同样是怕别人嘲笑他个子矮。他几乎没什么朋友，因为他总觉得别人会在背后议论他的身高，笑话他。渐渐地，他变得越来越孤僻，大家也不怎么爱跟他说话了。

李渊的情况引起了妈妈的注意，她很担心李渊。妈妈觉得如果不赶快纠正李渊的性格和自卑心理，他可能会越来越孤僻，进而影响学习和成长，甚至产生心理障碍。妈妈决定鼓励他从自卑的阴影中走出来，变得自信、阳光一些。

这天，妈妈把放学回家的李渊叫到镜子旁，让他观察一下镜子里的自己。李渊只看了一眼就转过了头，他对妈妈说："你看我多矮，有什么好看的。"

妈妈却笑着对他说："傻孩子，你不要只想着你的身高问题，想想你的其他情况吧，比如说学习方面，你的成绩总是名列前茅，老师最近还跟妈妈表扬过你

呢。现在，你再照照镜子，像妈妈说的那样，想想自己的其他事。”

李渊不情愿地转头盯着镜子中的自己，开始联想与自己有关的事。他突然发现，除了身高，自己其他方面还是优秀的。比如学习成绩不错，跳远成绩不错，而且他还会做不少家务活呢。这么想着，李渊突然不那么自卑了。他看着镜中的自己，脸上露出了笑容。

妈妈看到李渊笑了，语重心长地对他说：“渊渊，你是不怎么高，这是事实。可是拿破仑也不高啊，他长大后照样是杰出的军事家。再说了，你还有其他很多优点啊，刚才你也已经想到了吧。你不能只想到自己的缺点和不足，也该想想自己的优点。”

李渊不说话了，他在想着妈妈的话。

妈妈继续说道：“你答应妈妈一件事好吗？以后每天早上出门前，你都来照照镜子，想想自己的优点，然后对着镜中的自己说：‘你真棒！继续努力。’好吗？”

李渊郑重地点点头。从那以后，李渊像妈妈说的那样，每天早上他都会来到镜子前鼓励自己。渐渐地，他发现自己身上的更多优点。他已经不再为身高而自卑了，也不再像以前一样封闭自己，他交了不少朋友，比以前更自信、更快乐了。

上述事例中，由于身高的问题，李渊感到自卑，个性也较为封闭，不愿与人打交道。在妈妈的帮助下，他意识到自己的优点，还学会了在镜子前鼓励自己。这些都使得他比以前更加自信、坚强，也交到了不少朋友。

成长过程中，能学会自我激励的孩子并不多。这主要是由于以下两方面的原因：一方面，孩子在遇到挫折、感到自卑时，自己已经陷入负面情绪中，很难摆脱阴影，然后激励自己；另一方面，一些孩子过度依赖他人的力量，总是期待别人能帮助自己重建信心、振作起来，却没有学会用自己的力量来激励自己。久而久之，孩子要么过度依赖别人，学不会自立；要么自暴自弃，对自己丧失信心。这些都不利于孩子自信乐观的性格的养成，也不利于他们的成长。

因此，在平时的生活中，家长要教孩子学一些自我激励的方法。对着镜子鼓励自己就是一种很好的方法。不仅简单易行，而且快速有效。通过这种方法，孩子能对自己进行一个较为全面的观察和思考，发现自己的优点，从而帮助自己尽快从自卑中走出来。以下是一些教孩子对着镜子鼓励自己的方法和建议，家长可以参考借鉴。

1．教孩子对着镜子想想自己的优点

当孩子感到自卑时，家长可以让他们站到镜子前，试着观察自己，思考自身的情况。这种做法能够让孩子对自己进行一个较为全面的分析，此时尤其要引导他们多想想自己身上的优点。比如，是否有人夸过自己漂亮，想想自己哪些科目学得好、哪些活动中拿过名次。这样一想，孩子就会从中得到勇气和信心，发现原来自己并没有想象的那么糟糕，还是有很多优点的，这样他们就会振作起来，恢复自信。

2．让孩子每天对着镜子说一声“你很优秀”

当孩子对着镜子想象自己的优点之后，家长就要教他们对着镜子进行自我激励了。此时可以教孩子每天都对镜子中的自己说些鼓励的话，比如“你很优秀，加油”“你是出色的，我看好你哟”这类的话，并做些鼓励自己的动作，让自己充满活力和信心。如果孩子感到不好意思，家长可以给他们一个单独的空间来进行，或是让他们在心里对自己说这些话。这样做能较为快速地让孩子恢复信心和斗志，使他们更相信自己的实力。

3．告诉孩子在自卑时想象自己站在镜子前

家长要注意的是，虽然对着镜子鼓励自己很有效，但孩子不可能时时刻刻都有条件站在镜子前鼓励自己，这就要求他们在自卑时能够想象自己站在镜子前鼓励自己的情境和心境。比如当孩子参加比赛却由于自卑而临阵退缩时，家长就可以让他们想象自己现在站在镜子前，从而想起自己的很多优点，意识到自己是优秀的；当孩子因自卑而不敢与人打交道时，就要让孩子想想曾经对着镜子给自己的那些鼓励，让孩子知道与别人相比自己并不差。

告诉孩子，永远不要说“我不行”

成长过程中，孩子有时会遇到挫折与挑战。这时，他们可能会由于缺乏经验和勇气而认为自己不行，没能力做好。对此，很多家长并没有用适当的方式鼓励孩子，而是觉得孩子不争气、缺乏斗志，甚至对他们大发雷霆。久而久之，孩子很容易对自己失去信心，并把“我不行”这种消极的话时刻挂到嘴边，内心也会否定自己的能力。这对他们的成长是极其不利的。

嘟嘟和小涛从小就很要好，眼下他们已经是小学六年级的学生了。不过两人虽然从小一起长大，个性却很不同。

嘟嘟的爸爸对嘟嘟的要求很高，希望他能成为一个各方面都很优秀的孩子。在爸爸的影响下，嘟嘟对自己的要求也很高。他从小就刻苦学习，因此成绩总是名列前茅。但嘟嘟并不满足，成绩稍有退步他就会闷闷不乐，觉得自己表现得很不好，还经常说些“我不行”“我怎么这么笨”之类的话。不仅嘟嘟如此，嘟嘟的爸爸也一样。一旦嘟嘟的表现不如意，爸爸也会对嘟嘟严加批评，怪他不努力。当嘟嘟说自己不行、抱怨自己时，爸爸就更觉得嘟嘟真的不争气，不但表现得不好，还一点儿斗志都没有。爸爸越想越生气，总忍不住对嘟嘟埋怨一通。时间长了，就连嘟嘟对自己也快没有信心了，甚至产生了自暴自弃的心理，觉得反正爸爸也认为自己很差，那干脆就不努力了。爸爸对此既生气又无奈。

小涛的爸爸则不同。有一次，小涛没发挥好，数学成绩下降了不少。回家后，小涛沮丧地对爸爸说自己很笨，简单的题都没做对，他对自己有些没信心了。然而，爸爸不但没有因为小涛的成绩下降而批评他，反倒温和地鼓励他。尤其是当小涛否定自己的能力、说自己不行的时候，爸爸却摇摇头，这样告诉小涛：“在爸爸眼里，你一向是最优秀的，这次只是没发挥好而已。只要努力，爸爸相信你下次一定可以考得更好。一定要相信自己，因为如果自己都觉得自己不行，那就没人会相信你的能力了。”爸爸的一番话给了小涛巨大的鼓励和勇气，他在爸爸的支持下一天比一天自信、勇敢，是大家眼里坚强、自信的好学生。

最近，嘟嘟和小涛都参加了学校里组织的数学竞赛。初赛中，两人都发挥得不太好，但勉强进入了复赛。嘟嘟觉得能进复赛已是勉强，自己应该是得不到名次的了。这种心理状态导致他复赛的成绩一塌糊涂。小涛则凭着自己的自信和勇气获得了二等奖。

上述事例中，嘟嘟对自己没信心、认为自己不行时，爸爸不但没有鼓励他，反而失望地对他横加指责，这导致嘟嘟认为自己不够优秀，变得缺乏自信；小涛的爸爸则总是鼓励小涛，并及时纠正他的负面想法，不让他轻易否定自己。这让小涛成长为一个自信、坚强的人。

在教育孩子的过程中，家长要注意体察孩子的情绪。当发现他们开始否定自己的能力、认为自己不行时，一定要及时纠正他们的这些消极想法，要用适当的方式告诉孩子，他们是优秀的，不要轻易对自己失去信心。只有这样，孩子才能从消极情绪中振作起来，变得自信、有活力，这对他们的成长发展也是很有帮助的。那么，家长应该怎样杜绝孩子说“我不行”呢？以下建议供家长借鉴。

1．让孩子不要轻易否定自己

当孩子因感到自卑而说些“我不行”之类的话时，家长可以告诉他们，自己对自己的肯定是最重要的，如果自己都认为自己不行，说些丧失信心的话，那就没人会信任他们的能力、说他们行了，更没人能有效地鼓励他们。意识到这一点，孩子就不会再轻易地否定自己，也不会习惯性地说些“我不行”“我很差”之类的话。此外，由于一些孩子在没有信心时，经常会通过说些否定自己的话来获取别人的支持和鼓励，因此，这样做在一定程度上也可以减弱孩子对他人的安慰和鼓励的依赖性。

2. 不要轻易否定孩子

孩子否定自己的能力、说自己不行，很大程度上是受到家长的影响。在他们没信心时，家长否定了他们的能力，甚至冷冰冰地对他们说“你不行”。因此，不管孩子遇到什么困难，表现有多么糟糕，家长都不要轻易地否定他们，更不能说些“你不行”“我对你没什么期望了”之类的话。当孩子没信心时，家长更应通过各种方法鼓励他们，使他们意识到自己的潜力，恢复自信和斗志，摆脱消极情绪。

3. 告诉孩子不要轻易被他人影响

有时，孩子对自己的否定主要是由于受了他人的影响。比如当被选为班里的代表参加比赛，结果却表现不佳，看到班里同学失望的眼神或是听到一些别人对自己的消极评价时，孩子很容易由此否定自己的能力，认为大家都觉得我很差，那我一定是差了。对此，家长要告诉孩子，要相信自己对自己的判断，不要轻易被他人影响，不能因他人的不信任而否定自己的能力。要让孩子明白，自己才是最了解自己的人，别人的否定不代表自己真的不优秀。只有明白了这些，孩子才不会轻易否定自己，不会总说“我不行”。

4. 让孩子把“我不行”换作“我可以做得更好”

除了以上方法之外，家长还可以通过让孩子把“我不行”之类的消极语言换作“我可以做得更好”等激励自己的话。当孩子因挫折而否定自己，并在心里说“我不行”时，家长要及时给予鼓励，并教孩子把这类消极语言换掉。即使他们暂时还是难以振作起来，也要用有激励意味的语言换掉否定式的语言。在积极语言的不断暗示下，孩子的信心会逐渐复苏，从而慢慢恢复自信。

第三章

引导孩子控制情绪，否则情商无从谈起

面壁思过，让坏情绪逐渐冷却

父母小的时候是否遇到过这样的事情？上学迟到、忘记带作业本、没有完成作业或者与同学发生争执等，是否曾经被老师叱令面壁思过，或者目睹其他同学受到老师面壁思过的惩罚呢？想来大多数人的答案是肯定的。

那么，面对自己的子女或是孙子、孙女遭受面壁惩罚，大人又会有何反应呢？电视剧《爱在苍茫大地》中有这样一个情节：爷爷发现孙子在幼儿园里面壁站着，不禁愤怒地对园长说："什么人面墙站着？监狱的犯人才面墙站着，你这是体罚！你不能让他朝着人多的地方站着吗？"演员的表演很精彩，情节背后的意义更是令人深思。

让孩子面壁思过到底算是一种体罚还是一种教育手段呢？

其实，让孩子面壁，表面上看起来像是一种体罚，但实际上它对引导和教育孩子具有很大作用。因为孩子在冲动、易怒、不配合的时候，父母给孩子施加压力也只是起到一时的作用。如果让孩子面对墙壁站一会儿，情况可能大不相同。在面壁的过程中，孩子由于有了一定的个人空间，坏情绪一点点退却，变得冷静下来。这时，他们能够对自己的错误进行思考，找到问题所在，并纠正自己的错误。

雯雯和小区里的诺诺是好朋友，两人每天都在一起玩。一天妈妈下班回来，正好碰到他们俩在小区里的滑梯前玩耍。妈妈看了看表，晚饭时间就要到了，于是对雯雯说道："雯雯，你再跟诺诺玩十分钟就说再见，跟妈妈一起回家做饭好吗？"雯雯答应了妈妈，可是十分钟过后，雯雯要离开时，诺诺不愿，他一直拉着雯雯的手说："去我家玩吧，去我家玩吧。"诺诺的奶奶也跟着一起邀请雯雯到他家做客。妈妈其实不愿意让雯雯去别人家，但这时她的手机响了，就在她和别人通话的时候，雯雯拉着诺诺的手就跟他回家了。妈妈很生气，却来不及阻拦，只好遂了雯雯的愿。

过了一会儿，妈妈做好晚饭，到诺诺家接雯雯，让她回来吃饭，可是雯雯以没有玩够为由，坚持要在诺诺家吃过晚饭再回去。加之诺诺妈妈出来帮忙说话，雯雯妈妈不好意思拒绝，又一次同意了。等到吃过晚饭，八点左右，雯雯妈妈又来到诺诺家，接雯雯回家。她对雯雯说："走吧，雯雯，时间不早了，这次该回家了吧。"当时雯雯正在和诺诺一起摆积木，随口说道："等一等妈妈，我再玩一会儿。"妈妈认为这次不能再妥协，于是说道："不可以再玩了，马上就到睡觉时间了，回去还要洗澡刷牙，要做很多事情呢，赶快跟诺诺说再见。"雯雯不愿意，仍然不动，妈妈又说了一遍还是不起作用。妈妈已经很气愤了，不愿再多说一句话，抱起雯雯就往外走。雯雯被妈妈突然的举动吓到了，先是大哭，接着使劲拍打妈妈的肩膀，边打边说："我不回去，放我下来。"

母女二人很快回到家，妈妈见雯雯还没有安静下来，就对她说："你先到小屋里去，自己面壁思过十分钟。"雯雯不愿，哭得更伤心了，但看着妈妈不容置疑的眼神，她还是走了进去。十分钟后，雯雯走到妈妈身边，妈妈问她："知道妈妈为什么让你面壁思过吗？"雯雯说："妈妈还没有同意，我就跟着诺诺回家了。我对妈妈说再玩一会儿就回家，但是没有做到；妈妈来叫我回家，我想继续玩，还跟妈妈哭闹，还打了妈妈。"没想到短短的十分钟，雯雯就清楚地意识到自己的错误。她还跟妈妈说："我以后不会再这样，一定听妈妈的话。"现在，雯雯的情绪已经平和，妈妈对她说："雯雯，妈妈并不想让你面壁思过，但你要知道一个人犯了错就要自己去面对，去承担。既然你已经知道自己的错误了，妈妈为你感到高兴，现在你可以去洗漱，准备睡觉了。"雯雯乖乖地去洗漱了。

美国密苏里州堪萨斯市儿童慈爱医院的临床儿童心理医生爱德华博士认为，面壁思过的方法对孩子的成长很有帮助，它可以在短暂的惩罚中让孩子记住自己所犯的错误，并帮助家长树立威信。可见，面壁思过是一种有效的惩罚方式，是家庭教育中不可缺少的一部分。不过，在运用这种教育方式的时候也要掌握一个度，千万不要因疏忽大意而伤害孩子。

1. 让孩子面壁，父母不能带有情绪

父母要清楚地认识到，面壁思过是为了让孩子平复情绪，因此，在使用这种方法的时候，千万不能带有情绪。当孩子听到“面壁思过”这几个字时，可能会反抗、惊声尖叫，脾气会变得暴躁。这个时候，如果父母也带着愤怒的情绪把孩子带到墙角，只会令孩子更加无法冷静，甚至向父母发泄怒气。如此一来，势必会造成亲子之间的冲突。因此，父母在惩罚孩子前，应先放下激动情绪，使自己冷静下来，这样才能让自己保持理智。

2. 面壁思过与罚站不同

有些家长可能认为让孩子面壁思过就是让他们面对墙壁站着，不能改变姿势，不能挪动一步，其实这是不对的。面壁思过与罚站不一样，孩子毕竟年龄还小，让他们站在那里一下都不能移动，既不科学也不起作用。既然父母的目的是引导孩子审视内心，反省自己的错误，只要孩子能够做到这一点就好。因此，面壁思过不是说一定要面对墙壁，只要给孩子一个单独的空间，例如孩子的房间、父母的房间、客厅一角，甚至坐在椅子上都可以，最好是在父母能够观察到的地方。像卫生间这种比较封闭的空间，父母最好不要强行将孩子关到里边，一来防止孩子在这种不利于观察到的地方出危险，二来这种幽闭的空间本身会给孩子带来一定的恐惧感，影响孩子的心理健康。

凯凯是个聪明懂事的孩子，小小年纪就非常有绅士风度。他常常照顾身边的小朋友，如果有谁要跟他一起玩，他就会把自己的玩具让给别人玩。如果有哪个小朋友不小心摔倒了，他会主动跑过去把他扶起来，还会关切地说：“疼不疼，我帮你吹一吹。”每当他想玩别人玩具的时候，总是先征得别人的同意，从来不会随便拿。小区里的叔叔阿姨都很喜欢凯凯，他们都想向凯凯的父母讨教一下教育孩子的方法。而凯凯妈妈的答案却很简单，那就是面壁思过。当然，她不是每次都使用这一种方法，她的意思是，当发现孩子存在问题时，如果提醒多次不起作用，就要给他们单独思考的空间。

一次，凯凯的妈妈带凯凯到泳池游泳，在那里遇到了和凯凯同在一个幼儿园的小伙伴。两人在水里玩了一会儿，便上岸休息，他们不知道聊到什么高兴的事情，表现得十分兴奋，挥动双手，从站立着的泳池边上直接跳进水里。妈妈看到那一片明明是不准跳水的地方，便提醒了他。但是没一会儿，凯凯高兴起来又忘了，再次从那个地方跳了下去。凯凯妈妈的表情立刻变了，她显然很生气，于是不由分说就命令凯凯立刻上岸。

凯凯上来后，妈妈严肃地对他说："从现在开始不准下水，到那边的椅子上去坐十分钟。"凯凯很不情愿，但也毫无办法，只得一个人安安静静地坐在角落里的一把椅子上。十分钟过后，凯凯清楚地意识到自己的错误。此后，他再也不在明令禁止的区域里跳水了。

面壁思过就好像让孩子参加一场比赛，他必须知道比赛规则，如果选手触犯规则，被裁判警告多次无效后，他便会被罚下场，到一个区域里静静待上一段时间。孩子们可能会痛恨这种惩罚，因为他们更想在比赛场上展现真我，但是这次面壁会让他们对犯下的过错加深印象，等下次再上场的时候，能表现得更好。

告别猜疑，做开诚布公的好孩子

生性多疑的曹操是三国时期的一代奸雄。在刺杀董卓的计划失败后，曹操和陈宫一起逃窜至吕伯奢家。曹吕两家是世交，因此吕伯奢准备杀猪设宴款待曹操。然而，曹操听到磨刀声和“缚而杀之”的话语，便心生疑虑，他认为是吕伯奢要将自己的首级献于董卓，于是不问清楚就将吕伯奢一家杀害。曹操因为猜疑心理而导致了一场悲剧。

猜疑心理的主要特征是：敏感，受挫后容易意志消沉，甚至不爱理周围的人，每日唉声叹气。具有猜疑心理的孩子，会对世界上的各种事物感到怀疑、担心、害怕。

小萝是一个小学生，平时不怎么爱说话。最近，她总有种周围人和自己过不去的感觉，尤其是同班同学。有些同学在班里无意看了小萝一眼，小萝马上说对方：“看什么看？”看到同学在一起讨论话题，她就认为大家在讨论她；有的同学在下课时无意碰了她一下，她就觉得对方是故意和自己过不去。就连老师从中协调，小萝也固执地认为老师是在偏袒对方。

因为小萝的这种猜疑的性格，在班里她一个朋友也没有。对此小萝感觉很委屈，认为自己不幸极了，世上没有人喜欢她。

多疑的人往往臆测别人，整天就想些无中生有的事情，认为人人和自己过不去，都特别虚伪。

孩子多疑是一种不健康的心理状态，在没弄清楚事实之前，自己就妄下定义，并且总是从消极的角度出发。由于总是主观地想些无中生有的事情，因此别人无意识的举动，往往被他们误认为是对自己的敌意，从而造成和别人的矛盾。

有一天，同寝室的小冬在收拾东西时，不小心将一袋零食放在了旁边小月的床上。小月生怕弄脏了自己的床铺，就瞪了小冬一眼。其实小冬和其他同学并没有注意到这一情况。可是小月立刻后悔了，她怕其他同学看见，不巧的是，正好有一位同学抬头看小月，小月便不好意思地笑了笑。

接下来，敏感的小月非常担心，怕同学说自己太小气。于是，她小心地留意其他同学的反应，也不去上晚自习。看到她那一举动的同学正好又碰到了她："今天的自习你怎么又不去了呢？"小月认为这是让她走开，好和别人议论她刚才瞪眼的事儿。

第二天晚上，大家一起去吃饭，小月回来晚了，见其他人正说笑着，便认为她们一定彼此说好了，真的不理她了。小月总觉得别人用异样的目光看着她，她认定是这个同学和全班同学说了这件事情，她的疑心越来越重，最后甚至发展到听到同学们在笑，就认为他们是在笑自己。为此，小月整天坐立不安，因为她总觉得别人在她背后说坏话。不久，小月患上了失眠性神经衰弱，学习成绩也下降了。

多疑会让孩子变得性格狭隘，如果不及时纠正这种不健康的心态，不仅难以维持良性的人际关系，还会对孩子的身心健康产生消极影响。

一般来说，抑郁型气质的孩子生性多疑，他们有着细腻的情感，总能抓住别人不易发现的细节。有些孩子爱猜疑则是出于消极的自我防御，他们曾经被别人欺骗过，为了防止这种伤害再次发生，他们对任何人都不会轻易相信，与此同时他们还总把别人往坏处想，久而久之就形成了猜疑心理。

家庭环境也和孩子的心理猜疑有着密不可分的联系。如果家长是多疑的，并对自己的孩子持有不信任的态度，也会造成孩子的心理猜疑。

孩子形成猜疑心理，会严重影响其生活、学习各个方面。因此，父母要从细节入手，关爱孩子，用自己的真诚去帮助孩子消除他们心中的猜疑，只有这样家长才能帮助孩子克服多疑的心理。

1. 父母培养孩子辨别是非的能力

让孩子分清什么是好的，什么是坏的。

有些孩子自认在某一领域不如其他人好，由于自尊心的作祟，他总会觉得别人在议论自己，看不起自己。针对这种情况，父母要帮孩子提高辨别是非的能力，强化孩子的优点，增强孩子的自信心，让孩子充满信心地生活、学习。

父母还可以利用英雄的事例为孩子树立榜样，引导孩子多读书，读好书，从而丰富孩子的精神生活，开阔视野。

2. 父母应在学习、生活、思想等方面更多地鼓励、支持和开导孩子

实践证明，在一些不起眼的小事上表扬和鼓励孩子，常会产生较大的激励力量。对于孩子而言，父母的关心就是最好的鼓励。

宋耀如夫妇共养育了六个子女，他们的三个女儿——宋霭龄、宋庆龄、宋美龄，都是中国近代史上具有深刻影响力的伟大女性。

宋庆龄小的时候很腼腆，兄弟姐妹在一起的时候，她总是显得不爱说话。宋耀如很注重为孩子们营造生活环境和气氛，同时乐于从正面去鼓励孩子、夸赞孩子，因此孩子们受益良多。

姐弟几人喜欢在家中的院落玩耍，院子里留下了他们无数的欢声笑语。有一次，姐弟几个在院子中玩起了“拉黄包车”的游戏。宋霭龄负责扮演车夫，宋庆龄扮演乘客的角色，妹妹弟弟则跟在后面起哄。正当玩得不亦乐乎的时候，由于“车夫”用力过猛，失去了对车子的控制，“乘客”一下被甩了出去。扮演“车夫”的宋霭龄知道自己闯了祸，呆呆地站在那儿，而扮演“乘客”的宋庆龄则摔得生疼，虽然没有吭声，可满肚子都是委屈和不高兴。

父亲宋耀如正好看到了这一幕，他走过来对宋霭龄和蔼地说道：“不管做什么都要有分寸啊，车夫可不是光使蛮力！如果伤到了乘客，就没有生意了，你说对不对？”宋霭龄尴尬地笑了。宋耀如又转过头来对宋庆龄笑着说：“‘乘客’能表现出这样的大度，真是勇敢的典范啊！”听到父亲的表扬和鼓励，宋庆龄心

中的不快立马烟消云散。日后，宋庆龄真的成为中国历史上较为坚强、宽容的女性之一。

父母经常用夸赞的方法，从事情积极的一面去教育孩子，就会让孩子具有坚强的意志。如果宋耀如怜惜地对女儿宋庆龄说："摔疼了吧？吸取教训，下次小心点。"那么他的教育就不会如此有效了。

防止孩子抑郁，陪伴孩子快乐成长

抑郁是一种伤感的情绪状态。通俗地说，人只有健康和不健康这两种情绪。前者是理性、热情、大方等的象征，后者是狭隘、暴怒、恐惧等的代表。

青青自从上小学后就没有笑过。她每天都在想：为什么有做不完的作业？为什么每天必须起早贪黑地练习自己并不喜欢的钢琴？为什么所有的事情都要按照父母的意志去完成？

青青最大的愿望就是能够抛开钢琴谱，和小伙伴们痛痛快快地一起玩耍。但是她也清楚妈妈绝不会同意，因为妈妈希望自己能成为一个优秀的人，过上跟普通人不一样的生活。然而，当听到外面传来小伙伴们欢快的嬉戏声，而自己只能待在屋子里一遍又一遍地弹着钢琴曲，青青的情绪抑制不住地低落起来。渐渐地，她一整天都不说话，在学校里也不和同学们一起聊天。

最近一段时间，青青一回到家，就会把自己关在房间里面蒙着被子哭泣。青青也不理解为何眼泪总是像断了线的珠子，不受自己的控制。一天，青青没有去上学，也拒绝练习弹琴，结果被妈妈狠狠地批评了一顿。青青低着头，没有回答妈妈的责问，也没有哭，就这样面无表情地进了屋。

抑郁是一种不健康的情感，孩子抑郁的主要表现有：敏感、易怒、爱哭闹、时常感到孤独，甚至还会有自责感，觉得自己一无是处，对身边的任何事物都提不起兴趣，不管做什么都不开心。

除上述情绪障碍外，抑郁还可能导致孩子出现极端行为障碍，例如，注意力不集中、攻击他人、逃学等行为。同时，抑郁还会导致多种体征障碍，例如：失眠、心悸、头疼等症状。

造成孩子抑郁的原因很多。例如遭遇不幸的事，就会有心情不畅等表现，但马上还能缓过神来。但是那些幼年时遭受过苦难的孩子，可能抑郁的情绪要持续得更久。

心理专家表示，不要以为孩子还小，忘性大，很多事情时间长了就会淡忘。事实上，如果不能及时宣泄不良情绪，任其在心中长久郁结，很容易导致孩子用消极甚至暴力的方式去解决问题。

郝静是一个事业有成的成功女性，然而，上小学的女儿桂桂却成了她的心病。当初，郝静为了打拼自己的事业，将刚出生3个月的女儿交给自己的父母照顾，夫妻俩则一心扑在工作上，等有了自己的基业，才把女儿接回身边。就这样，一家人团聚时，桂桂已经是小学一年级的小学生了。

没能亲眼看着爱女的成长，郝静常为此感到歉疚，作为一种补偿，郝静对女儿几乎是有求必应。然而，即使这样，桂桂还是对郝静很冷淡，平日里几乎没有话跟妈妈说。

过了不久，照看桂桂长大的姥姥去世了。桂桂显得很伤心，在追悼会上，她像发了疯一样哭闹，回到家，她就躲进自己的房间，一整天不吃不喝。

为了让女儿开心起来，郝静专门为孩子换了新房子，让女儿转到全市最好的小学。然而，一切都无济于事，桂桂仍旧郁郁寡欢，经常把自己的房间弄得乱七八糟。最近，桂桂开始变得不愿去上学。妈妈向老师了解情况，老师说桂桂上课总是心不在焉，还和同学发生冲突，有一次居然用裁纸刀差点儿把同桌扎伤。

郝静感觉很震惊，回到家就对女儿大发雷霆。面对妈妈的叫喊，女儿仿佛没听见，眼神里那份与年龄极不相称的漠然让郝静不寒而栗。

最后，苦恼不已的郝静只得带女儿来到心理门诊，从医生那里，郝静得知女儿的不正常行为属于“儿童抑郁症”。

孩子常会因为各种原因产生抑郁心理，例如家庭因素、心理因素、环境因素和遗传因素等。引起孩子抑郁的原因不是单一的，当孩子的心理发育滞后于生理发育时，便会引起生理和心理上的不协调，孩子因此产生各种心理问题就不足为奇了。

孩子抑郁的表现常常因人而异，有的是情绪异常或是行为问题。父母一定要留心孩子的心理发展走向，绝不能让抑郁阻碍了孩子的心理健康。同时，父母要采取正确的措施，帮孩子消除抑郁心理，让孩子顺利地成长。

1. 展示阳光一面

父母不管在什么状况下，都要在孩子面前表现出阳光的一面。孩子正在成长，他们的心智正在发育中，父母不能因为孩子抑郁就产生烦躁、厌弃的情绪。父母作为成年人，应该相对理性一些，正确地认识自己的责任，学会用开朗的心态去感染孩子，引导孩子健康成长。

2. 给予积极鼓励

父母应该鼓励孩子积极地与人交往，鼓励和帮助孩子结交朋友，比如，邀请同学来参加聚会，把自己的玩具带给同学分享，让孩子在友情中获得快乐。作为父母，不要总是担心孩子在与同伴交往中会吃亏、会受伤，而是要培养孩子的合作意识，让孩子学会融入集体中。

同时，父母可以带孩子一起参加一些运动项目，这样不仅可以强健孩子的身体，更重要的是，让孩子经常和同龄人玩耍，有助于他们培养人际关系，从而让孩子变得更加积极主动，养成合群的性格。

3. 父母应该教给孩子"拥有快乐人生的方法"

"拥有快乐人生的方法"，就是有一个好心情，这比做对事情更重要。父母应该教孩子先处理好心情，而不是一味地批评和说教，只有这样，才能让孩子体会到父母对自己的关怀。

暑假的一个下午，东东父子俩正边吃西瓜边聊天。儿子东东作文很棒，在学校经常受到老师的表扬。这时，他忽然想到前几天写了篇幻想作文，便拿出来给爸爸看。爸爸看了一遍后，觉得不够理想，就直言不讳地指了出来——文章内容和标题不是很相符。之后，爸爸就看见东东一脸不高兴地将啃了一半的西瓜随手放在茶几上。

爸爸当时很想给儿子讲一讲道理，比如，要经得起失败的考验呀，听到别人说不好时反而应该更有斗志呀，等等，但转念一想，他又觉得这样做似乎不妥。眼见东东此时情绪不高，肯定听不见任何大道理，爸爸想了想，觉得还是应该还处理好东东的心情。

主意一定，爸爸就马上行动。爸爸与东东一起做了三组成功体操："我是成功者""我是最棒的""我一定能做得到"。父子俩一边呼叫，一边手舞足蹈。然后又来了三组感觉问答句："感觉怎么样？""好！""感觉怎么样？""棒！""感觉怎么样？""美！"

这样折腾了一会儿，儿子的精神状态很快就调整过来了，情绪重又变得积极饱满。之后，父子俩进行了一次愉快的交谈。

面对孩子不够完美的表现，如果家长只顾一味地强调其中存在的不足和缺陷，往往会导致孩子压力加大，进而产生强烈的负面情绪，甚至影响孩子的身心健康。这时候，父母的正确做法应该是用积极、乐观的情绪感染孩子，帮助孩子及时调整情绪，学会接纳自己。

引导孩子控制情绪，不做发脾气的孩子

发脾气是任何一个孩子在成长过程中都会有的正常表现。孩子和成人一样，有着自己的个性与脾气，他们的情绪表达往往比成人更直接、更强烈，一发起脾气来，就是什么话都听不进去了。这种激烈的情绪的表达往往会伤害别人，对此，情商高的家长需要想办法让孩子学会控制自己的情绪。

赵凯是一名大三的学生，年幼时的很多经历他已经记不清了，但9岁那年发生的一件事，却令他记忆犹新。

那年的一个周末，他和好友约好去郊外爬山，但父母说什么也不同意他去。赵凯感到又委屈又愤怒，他气冲冲地跑回自己的房间，握紧拳头在墙上猛捶，一边捶一边忍不住掉眼泪。渐渐地，他的双拳变得又红又肿，还渗出血来，可无论母亲在一旁怎么劝解，他都不肯停下来。最后，他父亲气得揍了他一顿。

过了一会儿，母亲一声不吭地走了进来，给他涂止痛药，然后包扎好，自始至终，母亲都没有说一句安慰的话。于是，又恨、又恼、又委屈的赵凯扑到床上大哭了起来，等到他终于平静下来，母亲才对他说道："能控制自己情绪的人才能掌握自己的命运。发怒本身不过是一种自我伤害，对事情的解决完全无济于事。要掌握自己的命运，就得克服坏情绪。"

就这样，母亲的话深深地印在赵凯的心上，再也不忘。虽然现在他已经成年了，但他仍然觉得母亲那时的一番话令自己获益匪浅。

家长碰到孩子发脾气时，不要一味地指责或者说教，那样只会适得其反。家长需要明白一个道理：心病还须心药医。对孩子的坏脾气，只有通过沟通和循序渐进的疏导，才能有效地予以化解。

1. 家长一定要控制好自己的情绪

当孩子发脾气时，没有耐心的父母会觉得很烦，和孩子你一言我一语地对吵起来，想用这种办法让孩子屈服。这其实是一种不成熟的表现，父母用这种方式对待孩子，不仅不会让他们停止发脾气，还会适得其反，让孩子觉得父母不理解自己，从而使孩子的逆反心理加强——发更大的脾气。因此，每当这时，父母要比平常更有耐心，尽量不要和孩子对吵，而是要弄清楚孩子发脾气的原因，然后有针对性地进行说服教育。

2. 用转移刺激法帮助孩子平息怒气

转移刺激法是一种积极的制怒方法，是人在发怒时，积极主动地接受另一种刺激以平息怒气的办法。转移可分为心理转移和情境转移两种。心理转移是把自己的感情和精力转移到其他活动中去，使自己没有时间和精力去感受愤怒的情绪。比如在孩子发怒前，有意识地跟孩子一起唱唱歌，听听音乐，或是欣赏一些让人心情愉快的名画。情境转移是指当自己感到要发怒又不易控制时，立即离开现场，回避让自己生气的人和事，摆脱即将发怒的心境，非“礼”勿视，非“理”勿听，这时会有一种“眼不见心不烦”的感觉。前后两种不同的自我感觉会让心情迅速平静下来。要知道，愤怒情绪产生的特点是“剧烈”“短暂”，等剧烈而短暂的怒气过去之后，再回到原来的情境中时，大脑中理智思维的强度增加了，不愉快的外界刺激物引起的狭窄兴奋点减弱，孩子会变得清醒而理智许多。

3. 冷淡对待孩子发脾气

孩子发脾气并不是什么天大的事，他是想用这种方法引起父母的注意。对此，父母应该理解，但不能放大这件事，此时不妨冷淡对待，静观其变。久而久之，孩子就会明白父母并不吃自己这一套，也就会有所收敛。

但是要掌握好“冷处理”的时间，最好在冷淡过后，给孩子一个台阶下，或者等孩子情绪稳定后再向他讲明道理。

4. 奖惩矫正

当孩子不管不顾地乱发脾气时，父母应立即指出他的错误，并对他的态度冷淡下来，不理睬他，直到孩子“软”下来，再给他讲道理。而当孩子有所进步，例如同样一件事，孩子在以前会乱发脾气，现在不再乱发脾气或乱发脾气的程度减轻了，父母要及时给予肯定和表扬，鼓励孩子继续坚持下去。长此以往，孩子正确的行为得到巩固，错误的行为会逐渐消除。

总之，父母一定要记住的就是：不要让孩子感到乱发脾气的好处，更不要急慌慌地向孩子妥协。要让孩子知道，乱发脾气的孩子没有人会喜欢，乱发脾气更不会有任何收获。这样，孩子在乱发脾气却达不到目的的过程中，渐渐地就学会自我控制，从而改变乱发脾气的坏习惯。

进行挫折教育和耐挫训练，从小锻造孩子强大的内心

据调查，近年来我国有 24.39% 的孩子曾有“活着没意思，还不如死了”的念头一闪而过，有 15.23% 的人曾对自杀这件事认真地思考过，有 5.85% 的孩子有过书面的自杀计划，其中自杀未遂人群的比例达到 1.71%。青少年的自杀行为令父母痛不欲生，给社会带来的负面影响更是巨大的。

据一位母亲讲述，她的女儿某天从学校回来，泪流满面地告诉她，自己最好的同学死了。原来，女儿的这位同学一向是班上的尖子生，性格比较要强，可在最近的期中考试中，她的成绩却从年级前五名一下子跌到了三十多名。因为觉得很没面子，这位同学就在家里服毒自杀了。自从这件事发生后，女儿的成绩也开始下滑，甚至还常常说些“活着没意思”之类的话，使得这位母亲整天提心吊胆，生怕女儿哪天也会想不开。

女孩的同学因为成绩下滑而选择自杀，这件事不仅让女孩痛失好友，也对她的心理造成了极大的打击，甚至使她也萌生出结束生命以摆脱学习压力的念头。

一个孩子如果产生这样的念头，肯定是由于压力过大，以至于精神濒临崩溃。此时，如果不能帮助他们及早将这些不良的情绪宣泄出去，他们很可能有一天会选择极端的方式结束自己的生命。

青少年自杀既有自身的原因，也有外部环境的影响。处于青春期的孩子社会阅历浅，对问题的分析认识能力低，遇到困难容易陷入束手无策的境地。加上其自身性格上的弱点，他们在遇到突发的、较大的困难时往往毫无应对能力，无法控制绝望的情绪，第一个念头就是用自杀来逃避现实。

引起青少年自杀的原因还有人际关系上的不和谐。如果一个人能够跟周围的人融洽地相处，遇到困难时，他就比较容易找到倾诉的对象，内心的种种压抑和不快及时地得到纾解或释放的话，一般情况下是不会自寻短见的。

有的孩子得不到家庭温暖，也会产生自杀的念头。父母经常吵架或是闹离婚，或是对家里别的孩子偏心，很容易让孩子的心理产生不平衡感，受挫后很容易产生轻生的念头。

据调查发现，自杀的原因还可能是由于环境改变，孩子无从适应所致。家庭、社会环境的变化都可能引起孩子轻生的念头。

此外，某些意外的挫折和打击也可以使青少年脆弱的感情崩溃。例如，成绩下降、遭人恐吓、亲人意外离世等突然打击，都可能使孩子产生悲观厌世的心理。

对此，父母应该从根源上着手，采取积极、正确的措施，对孩子进行一定的抗挫折心理教育，以防止孩子产生轻生的念头的产生。

当孩子心情不好或是遇到困难时，不要让孩子一个人独自品尝自己的悲伤，而应让孩子学会及时宣泄不良的情绪，告诉孩子，可以把不开心的事和烦恼都写在日记本上，千万不要将苦闷郁积在心里。

每一个孩子都该学会发泄不良情绪的积极方式。青少年心理承受能力较弱，不懂得如何疏导情绪，这就要求家长做好相应的疏导工作。对于孩子而言，最简单、最直接的方法就是将不良情绪发泄出来，这有利于孩子身心健康的发展。比如，让孩子去跑步、对着天空呐喊，选择哪种方法因人而异，只要是建立在不伤害别人的前提下就可以。明智的父母都会和孩子做好朋友。

一位母亲看见儿子在作文中写了“我妈妈是我的朋友”，她觉得特别自豪。

儿子小时候性格倔强，父母也对他采取过“棍棒式”教育，可是效果不大。母亲认为，长此以往会让孩子产生逆反心理，适得其反。于是父母开始尝试与儿子像朋友一样相处，把孩子看成一个独立的人。在家里，儿子可以自由地表述自己的观点，儿子的意见也得到了父母的尊重。每当儿子取得好成绩时，父母都会加以鼓励；儿子发挥得不理想时，也不会受到责骂，父母会耐心地帮他一起分析失误的原因。渐渐地，家里的氛围越来越和谐。

如今，儿子已经上初三了，不过繁重而紧张的学习任务并没有影响到他与父母之间的交流。每天晚饭后，他都会跟父母坐在一起，谈谈一天之中的所见所闻和感受，因为父母一直支持自己畅所欲言，有什么事都不要憋在心里。

父母与孩子交朋友有很多好处，孩子会更加信任父母，变得懂事，同时还学会独立，遇到事情有自己的判断，不再慌乱。

父母不要忌讳和孩子谈自杀。可能不少人会觉得，如果经常在孩子面前谈论自杀的问题，会使得他们也产生轻生的念头。然而根据最新的调查研究结果，事实恰恰相反。不仅如此，研究还发现，如果在孩子面前分析自杀的原因，能舒缓孩子的抑郁情绪，达到警示的目的，从而防止自杀的发生。

对于青少年自杀的治疗和预防的问题，一些心理学家认为：父母要学习一些心理学，以便尽早确认有自杀倾向的孩子，帮助他们渡过心理难关。

为了解决这个社会问题，父母还要加强孩子意志品质和耐挫能力的培养。

狮子和老鹰在动物界中凶猛强悍，没人否认它们是强者。母狮在幼狮生下后不久，便会“无情”地把幼狮往山涧下面推，而且是一次又一次地推。母狮这样做是为了锻炼幼狮的生存本领，保持它们种族的强健。老鹰也是一样。当雏鹰羽翼尚未丰满时，老鹰便将它们推下山崖。雏鹰在下坠时必然竭尽全力张翼奋飞，否则就会被摔得粉身碎骨，搏击长空的雄鹰就是这样造就出来的。

在日常生活中，父母应该有意识地对孩子进行挫折教育和耐挫训练，要狠下心让孩子多吃些苦，让孩子联系自己的生活实际，通过解决问题、克服困难来提高自己的意志力和应对能力。同时，父母应该鼓励孩子参加远足、军训等活动，从而提高孩子适应环境的能力和抗打击的能力。

别让孩子抱怨，那不会有任何效果

很多人喜欢抱怨，这么做其实是为了发泄自己的不满情绪，有的时候则是为了逃避当前的问题，把问题丢给别人。然而，抱怨往往解决不了任何问题，只会把问题变得更棘手，让负面的情绪波及得更广。长此以往，爱抱怨的人会给别人留下负面的印象，人际关系自然会受到影响。

“都是我，我怎么这么笨，怎么总是做不好！”看着绞尽脑汁研究了大半天、仍然理不清头绪的数学作业题，笑笑急得快要哭出来了。

虽然名叫笑笑，可是笑笑本人却名不副实。只要遇到一丁点儿挫折，她就会急得像热锅上的蚂蚁。而且笑笑还有个最大的性格特点，那就是喜欢抱怨。比如上学迟到，她就抱怨闹钟没有按时工作，或者爸爸妈妈没有及早叫醒她；考试没有考好，她就抱怨题目太难；作业不会做，她就会说是因为老师讲得不够细致；好不容易将目光放在自己身上，她就又说是自己太笨。由于笑笑总是怨这怨那，同学们还送了她一个外号——小怨妇。

星期天，笑笑和几个同学约好去新建的植物园玩。一大早起床，笑笑就发现天气不是很好。“真讨厌，这样的天气让人怎么出去玩啊！”一边嘟囔着一边拉上窗帘，然后又回到被窝里。“待会儿多半会下雨，这样的天气索性就不出去了吧。”笑笑在心里打定了主意，于是她打电话给朋友，借口说自己今天有事去不成了。

“昨天的植物园真有意思，我们去的时候正好赶上花都开了。”

“是啊，简直好看极了！而且昨天的野餐也很好呢，都是我们自己做的，味道很不错。”

星期一，听着朋友们的议论，笑笑心里是既后悔又生气，于是她爱抱怨的老毛病又犯了。

“都是你们，怎么也不叫上我！”笑笑抱怨道。

“不是你说自己有事不来的嘛！”跟她们同去的小雅奇怪地说。

“那你们后来看到天气好了，也应该打个电话再叫叫我呀！”笑笑虽然知道是自己的问题，可她还是忍不住要抱怨别人几句。

“明明是你的错，还要抱怨别人！你可真是个小怨妇！”

听了这话，笑笑越发按捺不住地叫嚷起来：“你们怎么可以就这样跟我生气？真是的，都怪那天的天气……”

就这样，因为笑笑遇事总爱抱怨个不停，同学们都不怎么喜欢跟她来往了，笑笑也因此变得更爱抱怨了。

上述事例中的笑笑有个不太讨人喜欢的习惯——爱抱怨。因为抱怨，她也失去了良好的人际关系。其实，抱怨反映出的是一种生活态度，而且是一种消极的态度。抱怨不仅仅会影响人的心情，还会影响甚至伤害人的大脑。有国外的神经科学家与心理学家进行研究，对一些面临各种刺激（包括长时间的抱怨）的人进行大脑活动分析后发现：大脑的工作方式就像肌肉一样，如果让它听到了太多负面信息，很可能导致当事者也会按照消极的方式行事。更糟糕的是，长时间暴露在抱怨的环境中，还会使人变得愚蠢和麻木。出现这种情况的原因是因为情绪有一定的感染性，在听到抱怨时，人们在大脑中会出现共鸣，从而也会出现一些不良的情绪，导致大脑的思维受到影响。因此，当孩子出现爱抱怨的情绪时，家长要及时帮助孩子，让他们告别抱怨与悲观，用积极的态度来应对人生中的问题。这里有几点建议供各位家长参考。

1. 教孩子远离抱怨

情绪是会传染的，和快乐的人在一起，自己也会变得快乐；和悲观的人在一起久了，自然也会变得悲观起来。抱怨亦是如此。因此，要想孩子告别抱怨，就要防患于未然，让孩子远离爱抱怨的人，避免孩子被这种情绪传染。除了被动地躲避抱怨情绪的传染源，家长更重要的是要教会孩子当个乐观快乐的人。乐观积极就是抵制抱怨悲观的抗体，只有孩子自己是个快乐向上的人，才不会被抱怨的情绪影响，还可以把快乐的情绪带给别人，传递正能量。

2．教孩子正视自己，学会解决问题

抱怨情绪出现的很大一部分原因是孩子在发泄自己的情绪，有时候甚至是为了安慰自己的心情而用抱怨的方式把过错推到别人的身上，找个借口，让自己的情绪能够好一点。对此，家长要教孩子敢于正视自己，尤其是自己的错误，要勇于认错，不推卸责任，敢于承担，这对孩子的人际交往是一个很好的推动力。当孩子遇到问题时，首先要想到的是如何解决问题，而不是先抱怨为什么要产生问题。要主动思考解决的办法，而不是把问题推给别人。当一个人致力于如何解决问题时，他也就没有时间抱怨了。

3．教孩子学会换位思考

当孩子因为一件事大肆抱怨时，不妨让孩子冷静下来，试试换位思考，即想象别人也是这样抱怨自己或冤枉了自己，那么自己的感受又是如何。古语有云："己所不欲，勿施于人。"负面的情绪对别人的伤害是很大的。与人交往，控制好自己的情绪非常重要，而换位思考更有助于孩子理智地进行思考，自行调控情绪，尤其是对抱怨的情绪。家长要教孩子把好这一关，不要轻易让抱怨之心脱缰。祸从口出，有可能自己不经意的一句话就会伤害亲近的人，给陌生人留下不好的印象，像开篇事例中的孩子笑笑被叫作"小怨妇"，这样就不好了。因此，家长要教孩子不轻易抱怨，保持理智，控制自己的负面情绪。

每个人都会有情绪激动的时候，人难免会在情急之下做出一些不太理智的行为，比如歇斯底里地发泄自己的情绪。其实，人人都会有情绪激动的时候，而且人的情绪本身也需要排遣，而不是一味地压抑，但一定要注意用正确的方式进行排遣。抱怨既不能解决问题，也不能让人身心愉快，只会加重负面情绪，让自己成为一个充满负能量的人。因此，家长要帮助孩子正视自己、换位思考，不让抱怨成为孩子成长路上的拦路虎。

克服胆怯心理，给孩子多一点点鼓励

对某些事物产生胆怯心理会影响孩子的身心健康，除害怕失败之外，还有怕黑、怕孤独、怕被欺负等种种表现，这些胆怯心理会慢慢让孩子产生自卑的性格，给他们的生活带来种种不便。自卑的孩子往往不爱说话，对生活缺乏憧憬，时间长了就会产生某些心理障碍，严重的时候可能导致孩子的心理疾病或精神疾病。

有的孩子在与人交流、适应黑暗等方面有胆怯心理。这个时候，家长可以多陪孩子进行一些尝试。家长在这个过程中需要一直陪在孩子的身边，给孩子提供支持。这是孩子最需要家长的时候，有家长就有安全感，就有尝试事物的胆量。当孩子经历了一次又一次失败的时候，家长需要给孩子安慰，同时分析事情的特点，教给孩子处理事情的方法，比如帮助孩子找到事物的弱点，陪同孩子进行一次成功的试验等。一旦树立起了孩子的信心，孩子的胆怯心理会减缓很多。

雪莲在一所重点小学读书。在学习和生活能力方面，雪莲一直都表现得很出色，周围的亲戚朋友都夸奖她，她的家长也因为雪莲的优秀而倍感骄傲。

可是从五年级开始，这种感觉给雪莲造成了心理负担。雪莲开始要求自己做什么事情都要比别人强，一旦有其他的同学超过自己，她就非常难过。雪莲接受不了失败，习惯成功的她认为失败是一件很恐怖的事情。

随着年龄的增长，这种情况越来越严重。现在，每当雪莲考试成绩不理想的时候，她就用撕扯毛绒玩具等极端的方式发泄自己的情绪。这个情况让雪莲的家长很担心，他们害怕雪莲以后会因为无法承受失败的后果而做出更加过激的行为。

事例中的雪莲从小就是大人们心目中的优秀孩子，她也因此特别看重第一名的位置，凡事都要做到最好。这本来是激发她努力向上的动力，后来却成了心理负担。当她很难缓解这种压力时，负气、自我折磨便成了发泄方式。雪莲以此来表达自己的不满，也是向家长表明自己的态度。如果这种情况不能得到缓解，孩子的心理会越来越脆弱，处理方式也会越来越激烈。这时，家长要及时帮助孩子缓解心理压力，可以多与雪莲探讨一些生活中的趣事和细节，减少对结果的评述。当雪莲出现害怕失败的表现时，可以与雪莲共同讨论失败带给自己的积极意义，帮助孩子建立多角度看问题的思维习惯，以减少对结果的纠结。家长同时要具备一定的耐心，多给雪莲一些调整的时间。

那么，家长应该如何帮助孩子缓解害怕和胆怯的心理呢？以下几种方法可供家长参考。

1．想办法让孩子变得自信起来

一般来说，胆小的孩子有自卑心理，认为自己不如别人，害怕说错话办错事。面对这种情况，家长要时常夸奖孩子，给孩子更多的关心和体贴。在家里，家长可以多鼓励孩子表现自己，例如表演唱歌、跳舞、背诵，说说学校发生的趣事等。孩子胆小内向，展现自我的机会相对少一些，家长多给孩子创造表现的机会，往往可以培养孩子的自信心。此外，家长还要经常与老师取得联系，了解孩子在学校的表现情况，交换教育心得，让孩子在家里和学校都能及时得到帮助和表扬。

2．培养孩子的一技之长

胆小内向的孩子，生活空间相对较小，这使他们的精力相对集中，观察事物仔细认真，做事情相对有耐心，喜欢做一些深入思考，而且往往感情细腻。家长可以充分利用孩子的这种气质，帮助并且鼓励他根据自己的喜好学习一技之长，例如书法、下棋、演奏等。这些特长将成为孩子自信的源泉，帮助孩子不惧怕与人相处。

3．让孩子知道自己为什么会产生恐惧心理

孩子害怕某件事情时，家长要和孩子一起分析害怕的究竟是什么、为什么会害怕这个事情，以及事情的本质是什么，然后寻找有效解决问题的方法。例如孩子害怕黑暗，就要让孩子说说处在黑暗的环境中时有什么样的感受，害怕到什么程度，然后与孩子分析为什么会感到害怕，并讨论有什么行之有效的方法克服这种心理。家长陪同孩子一起尝试各种方法，不断用语言和行动鼓励、安慰孩子，直到帮助孩子克服恐惧。往往孩子在了解事物的本质之后，恐惧心理就会大大减弱。

4．尝试“示范脱敏法”

心理学上有一种最简单有效的舒缓恐惧的方法是“示范脱敏法”，就是让孩子在能够感觉到安全的前提下逐步接近恐惧的对象，逐渐消除恐惧心理。例如，孩子怕黑时，家长先抱着孩子或拉着孩子的手走过没开灯的门厅，同时告诉孩子黑暗并不可怕。走过一两次，等孩子稍微减轻了恐惧，慢慢适应了黑暗的环境，家长改为和孩子一前一后并保持一定距离的方式通过没开灯的门厅。反复几次之后，最后让孩子单独尝试。经过这样的锻炼，孩子慢慢也就不再惧怕黑暗了。注意，当孩子表现得勇敢时，家长要及时给予表扬和奖励。

第四章

学会沟通，在交流中提高孩子的情商

善于沟通的孩子，人际关系更加和谐

沟通指在一个固定的环境下，孩子借助语言、符号、手势，向对方传达自己的观点。在这个过程中，孩子要理解对方的话，然后糅合自己的观点与对方进行交流。简单来说，沟通是一个交流并且交换信息的过程。

沟通的意义有以下几点：一是，通过沟通，孩子可以获得自己想要的信息，顺利地完成自己的学习和工作任务。比如向老师请教问题。另外，孩子还可以通过沟通把自己的想法传递出去，让对方理解自己。二是，改善孩子的人际关系。善于沟通的孩子，人际关系更和谐，遇到困难的时候会得到他人的帮助。

这个暑假，已经 11 岁的小月报名参加了为期一周的野外夏令营。

第一天，大家找到了各自的营地，开始搭帐篷。这可不是一件容易的事，好在爸爸教过小月如何搭帐篷。最后，在小月的指导下，大家顺利地搭好了各自的帐篷。

第二天，大家要出去寻找食物。

小月说："我们分几个小队吧，一些人找食物，一些人找柴火，一些人负责看守营地。你们觉得呢？"

舒雅说："我不舒服，不想去，留在营地等你们吧。"

舒雅总是喜欢偷懒，每次干活她都找借口，大家虽然见怪不怪，但都不怎么开心。

大云说："你怎么老是这样？每次都找借口！你知不知道，你这样很讨厌啊。"大云是个急脾气，有时候说话不太顾及别人的感受。一时间，大家没搭话。舒雅变了脸色。

小月说：“舒雅，大云是个直肠子，你别生气。如果你真的不舒服，你就在这儿等我们吧。但是我不希望你是找借口偷懒，毕竟这是集体活动。既然你选择和大家一起玩，就不应该偷懒，对吧？”

听了这番话，舒雅低下了头。

没等舒雅说什么，大家就组建了队伍，出发了。

路上，大云说：“我也知道我这人不太会沟通，可一时半会儿改不过来了。舒雅实在是太气人了。老这样。”

小月说：“嗯，我知道。但是大云，说话也要讲究艺术呀。”

在这个事例中，大云心直口快，不懂得沟通的技巧，有时候会伤害到他人。生活中，这样的人不在少数。沟通时，语言婉转一些，事情就会完成得更顺利，反之就很可能受到阻碍。

沟通是维系彼此感情的存在，孩子想要与他人顺利沟通，就要提高自己的个人修养，完善自己的知识结构。不擅长沟通的孩子不能与他人很好地协作。孩子不可能完全独立地生活，一定要和其他人有所接触。如果孩子拥有良好的沟通能力，就更容易收获理想的人生，获得幸福的生活。

在这里，有几点建议供家长参考：

1．帮助孩子划分沟通的对象

划分沟通对象的类型是良好沟通的基础。面对不同的沟通对象，需要采用不同的沟通方式。首先，对方的身份要弄清楚，是老师、长辈还是同学。然后，弄清楚这个人是什么性格，例如性格豪爽的人不喜欢拐弯抹角，与其沟通就要直接切入正题；性格温和的人说话较慢，语言比较婉转，孩子与其沟通就要放慢语速，表达得委婉一些。

其次，孩子要明确自己的沟通目标。比如和家长、同学沟通是为了促进感情，和老师沟通是为了学习。沟通的时候不要涉及对方的隐私，不要和对方发生冲突，有不同的意见时要理清头绪，好好沟通。某些涉及个人隐私的问题，在沟通的过程中不要刨根问底。

2. 教孩子借鉴他人的沟通技巧

孩子会遇到形形色色的人，有擅长沟通的人，也有腼腆不善言谈的人。孩子可以学习他人的沟通技巧，并将之运用到自己与他人的沟通中。

擅长沟通的人，在沟通的过程中会察言观色，通过一些小细节了解对方喜欢的沟通方式，用对方喜欢的方式与他沟通会获得更理想的效果。学会沟通对孩子未来的发展有极为重要的意义，擅长沟通的孩子，更容易走得好，走得远。

3. 尊重对方

孩子的生活圈子一般都是一个小团体，要想在一个团队中沟通顺畅，就要做好准备。比如提前找一些有意思的话题，了解对方的喜好和性格，然后有针对性地进行沟通。

在团队中应该用什么方式讲话，该说什么话，孩子都要心中有数。沟通的过程中，孩子必须尊重团队中的成员，不管他在团队中负责什么事务。

尊重他人就是尊重自己。与对方商量合作内容之前，孩子要事先对对方的情况以及喜好有个基本的了解。这样一来，在沟通的过程中，沟通对象就会感受到孩子的诚意，进而会对孩子产生好感，沟通会更为顺畅。

培养孩子的合作精神，不能只想着表现自己

现如今，为了让孩子在未来能发展得更顺畅，我们会千方百计地帮助他们培养各种有益的能力，不让他们输在“起跑线”上。可是，很多父母却忽略了对孩子团队合作能力的培养，结果，孩子学会了表现自己，只想让自己显得与众不同，却越来越不擅长与人合作。

星期六下午，妈妈应儿子的邀请，去学校助战他的足球比赛。比赛进行得很激烈，但遗憾的是，最终儿子所在的班队以零比二输给了对方。

回家的路上，儿子有些气愤地说：“他们都不给我传球！我们一次进攻都组织不起来！我好容易拿回球，可对方配合得那么好，我根本找不到机会射门。”

妈妈笑了笑：“不知道你有没有从自己的话里找到这次失败的原因呢？”

看到儿子发愣的模样，妈妈继续说：“我知道，你们都想赢，可是你们班的同学显得太急躁了，而且都很突出个人表现；但对方班级的同学却很讲究团结，他们之间的传带配合很默契。团队合作得好，才是他们取胜的最大法宝啊！”

儿子紧皱了眉头，陷入沉思中，接下来的一路上，他都没再说话。等进了家门，儿子忽然对妈妈说：“妈妈，能把您刚才说的再给我说一遍吗？下星期一，我这个队长要给大家开一次会，好好讲讲团队合作。”

如果一个人缺少团队合作意识，那么仅凭单打独斗，是不可能有太大发展的。正所谓“人心齐，泰山移”，现今社会更多的工作是靠团队协作来完成的，如果孩子没有合作能力，不但很难发挥出自己的特长，也无法享受团队成功所带来的成就感。

因此，我们不要只想着让自己的孩子“出人头地”，应该尽早训练他学会与人合作，增强他的团队意识。这样，孩子才能更好地融入一个集体，并在其中发挥自己的光和热，而只有在集体中展现出自己的价值，他才能体会到合作的乐趣。

1. 在生活中培养孩子的团队意识

在家庭生活中也可以通过立规矩来培养孩子的团队合作意识，就像下面这个小故事：

家里大扫除，妈妈安排好了任务：爸爸清洁厨房与卫生间，妈妈整理大卧室与客厅，9岁的女儿则主要打理自己的卧室。妈妈说：“以后这就是咱们家大扫除的规矩。让我们发挥团队合作精神，一起把家收拾干净吧！”

女儿好奇地问：“搞卫生还有团队精神？”妈妈笑笑说：“当然。我们全家3口人，每人都掌管着一片卫生区域，谁做不好，都不能算是一次成功的大扫除。你说，这是不是团队合作啊？还有，各司其职就是我们要遵守的最好的规矩。”

女儿恍然大悟：“还真是，看来我也得好好收拾收拾我的屋子了。”

团队合作在生活中有很多体现，所以平时我们可以对孩子多加锻炼。除了事例中这种全家集体大扫除之外，我们还可以全家集体到超市购物，列一个清单，然后每人负责拿几样东西，直到买齐所有物品为止；或者和孩子一起玩多米诺骨牌之类的游戏，虽然是玩耍，但这也需要团队合作，否则游戏也无法顺利进行下去。在某种意义上，这也是一种规矩。

这时我们只需要让孩子明白，团队合作就是要每个人都发挥作用，而且还要大家互相之间有所联系，还不能随意破坏这种规矩。这样，要做的事情才能最终成功，这个过程也能培养他的集体荣誉感。

2. 鼓励孩子多参加集体活动

集体活动往往最能培养孩子的团队意识，因此，当孩子的学校、班级或者同学之间组织了什么有意义的活动，我们要予以支持，并允许他去参加，还要告诉他多注意与他人的协作，不要只想着靠自己一个人的力量完成某件事。比方说，可以这样提醒他：“活动之前老师或者组织者可能会安排任务，你要专心做好自己该做的事情，如果分组做的话，你就要多和同组的同学交流一下，看看你们怎么做才能配合默契，才能在不起冲突的前提下顺利完成任务。”

3. 教孩子学会欣赏并尊重他人

在团队合作中有一点很重要，那就是成员彼此间是否能够达成默契。而要达到默契，最基本的就是不能歧视团队中的其他人，也不能嫉妒或者仇视其他人。

因此，我们要教孩子学会欣赏并尊重他人，可以给他讲讲“人各有所长”的道理，引导他发现别人的长处。同时，也要帮他分析一下自己的优劣势，让他明白什么叫“优势互补”，并告诉他，团队中的人只有做到互补，才可能圆满地完成一件事，任何一个人如果不尊重其他的人，都有可能会影响到他自身能力的发挥，也将影响整个团队的利益。

4. 提醒孩子多和团队中的人进行沟通

每个人都有自己的意见，互相之间也会出现意见不合的情况，所以团队中出现不和谐的声音也是在所难免的。但关键就要看大家如何避免或去除这些不和谐“音符”，这也是保证团队合作顺利的重要因素之一。

因此，我们要鼓励孩子多沟通。而且，平时当我们的意见与孩子的意见不同时，我们要说出自己的意见，并引导孩子说出他的想法，然后两相对比，看看怎样做才是正确的。

不过，我们要提醒孩子的是，如果他的意见是正确的，那么他千万不能骄傲，也不能因此就瞧不起人，而是要认真、耐心地将意见表达出来，并使他人信服；如果他的意见是错误的，他也没必要感到沮丧，只要改正错误的认知，并认真做好自己该做的就可以了。

在家是霸道的老虎，在外是胆小的老鼠

在我们的生活中，经常会遇到这样的孩子：在外面很内向、腼腆，见了生人就脸红，而回到家，那简直就是家里的霸王，谁都没有他厉害。家长们面对这样的孩子，有时也很苦恼，还总是教训孩子：你在家里这么横，怎么出去就㞞了？

刚刚是一个在外有些内向、腼腆的男孩子。每次老师在课堂上叫他回答问题，他的声音都很小，不敢大声表达自己的见解，好像很害怕说错后被老师批评或被同学嘲笑。而课余时间，刚刚也常一个人自娱自乐，不是不想和同学们一起玩，而是不敢跟别人聊天、玩耍。

然而，一回到家，刚刚却像变了个人似的，不仅脾气暴躁，遇到一丁点儿不如意的事，就会大喊大叫，跟父母顶嘴的功夫可谓一流。

有一次，刚刚跟着妈妈逛商场时，看中了一件价格不低的新款球服，因为班里的很多同学都穿那个品牌的球服，所以刚刚也很想买一件。妈妈考虑到刚刚的球服已经很多，就没有同意。没想到，刚刚一回到家就耍起横，怎么哄也哄不住。最后，妈妈只好答应给他买。

第二天下班的路上，妈妈自己去商场把球服买了回来，想给刚刚一个惊喜。没想到，她一不留神买错了款式，这下刚刚更不乐意了，躺在地上来回打滚，不肯起来，一定要妈妈马上去商场换过来。

“哎呀，对不起，可能是妈妈记错了。但是我现在要做饭，要不你自己拿出去换一下，商场还没关门呢。”妈妈心平气和地说。

“我不要。我出门就不敢说话，才不要拿去换呢。”刚刚还是知道自己的问题的，所以他不停地哭闹，要妈妈去给他换。

就像上述事例中所讲的情况一样，很多家长都十分头疼孩子“窝里横”的现象，明明在家霸道得像只小老虎，到了外面就成了胆小的老鼠。其实，孩子之所以会养成“窝里横”的性格，很大程度上是因为家长过分溺爱的缘故。由于他们在家中受到家长过多的宠爱和纵容，加之与社会接触较少，离开家长的保护之后，不免对公共场合、集体活动产生恐惧。

作为家长，如果发现孩子有“窝里横”的现象，可以采取以下方法纠正孩子的行为：

1．不要一味顺从孩子的要求

教育专家研究发现，给孩子的越多，孩子索取的也会越多。长期顺从孩子的要求，除了让孩子增强对家长的依赖性之外，还会养成孩子颐指气使的不良习惯。当孩子把这种态度带到社会中时，往往会遭遇拒绝。这个时候，孩子就会产生挫败感，变得沉默、不合群。因此，家长应该及时调整教育方法，不要对孩子过于纵容。

上述事例中的刚刚不是不会换球服，而是不敢独自去做这件事，这是由于过度依赖家长造成的。当孩子到了一定的年龄之后，家长可以让孩子去尝试独自完成一件事，从简单的“自己洗袜子”开始，逐渐加大难度，渐渐培养孩子勇于挑战新事物的性格。到了社会上，孩子自然就不会一遇到事情就不知所措了。

2．改掉孩子的自卑心理

孩子“窝里横”的表现不仅仅是由于对外界的恐惧，很多时候跟自卑也有关系。作为家长，要给孩子足够的尊重。当孩子犯了错误的时候，最好在没有外人的场合批评孩子。如果家长在孩子的同学面前或公共场合大声责骂孩子，会让孩子觉得没面子，自尊心受挫，容易引发孩子的自卑心理，从而导致孩子不敢去跟朋友交流、玩耍等问题。

3．让孩子多参与社交活动

在平时，家长应多让孩子跟外界接触。比如，经常带孩子去公共场合，或是让孩子跟邻居、亲戚家的孩子一起玩耍。在这样的实际社交活动中，孩子为了获得他人的肯定和认可，会发现并改正自己身上的一些不恰当的行为，接触的事物多了，孩子慢慢就会变得大胆、勇敢。

4．让孩子容得下不同意见

在 6 ~ 12 岁这个年龄段，孩子们慢慢步入第一青春期，大多数孩子开始出现叛逆的征兆。在这个年龄段，孩子有了自己的想法，也渴望自己决定自己的事情。家长想让孩子接受别人的不同意见，就要适当弱化孩子的自我意识。家长弱化了孩子的自我意识，才能让孩子接受他人的不同意见，逐渐提高情商。弱化孩子的自我意识有以下几个方法：第一，多让孩子参与集体活动，在合作中学会接受他人的意见；第二，家长不要不分对错就肯定孩子的想法，给孩子一种“我都是对的”的错觉。

展示领导才能，激发孩子的潜质

只有强大的人，才能获得团队的认可。为了得到团队成员的认可，孩子应该努力变得强大。领导力的本质是影响力。当孩子变强大，得到团队成员的认可时，说明他已经有了影响团队成员的能力，影响力与领导力就培养起来了。

一天，爸爸和朋友们约好在一家餐厅聚餐。爸爸让周周下车在餐厅门口等自己，他要去停车。周周下了车，没等爸爸就进了餐厅。

周周对餐厅的服务员说："我们有 14 个人，今天没预约，我们想坐在一起。您帮我拼三张桌子好吗？"

服务员回答："好的，您稍等。"

周周又说："我想和你们一起去。我要排一下位置。"

服务员说："我们会帮您排好的，您不用这么做。"

周周说："这是很重要的聚餐，有长辈在。我要按照辈分排一下位置，让我自己来吧。你们帮我一下就可以了。"

上面的事例中，周周的行为看起来很简单，但并不是每一个孩子都能做到这一点儿。一般来说，聚餐的时候，孩子很难考虑到他人的需求。而周周能注意到自身之外的情况，积极地去安排座次，这是非常可贵的。家长应该给孩子机会，让孩子参与家庭、小区、社会活动的组织工作，鼓励孩子观察生活，揣摩人与人之间的互动行为，并且让孩子尝试组织工作。在活动中，培养孩子的领导力与影响力。因为领导力和影响力对于现代社会的孩子来说，是一项非常重要的技能。

孩子年幼的时候就能够传递出关于领导力与影响力的信号，家长要注意观察。

科学家将这些信号归纳为以下五种特质：对外界事物的感知力、强烈的责任感、主动去做事、对事物的不满意度、能量过剩。那些在团队中有强大领导力的人大多具备这五种特质。如果拥有两种以上的特质，就说明这个孩子有当领导的潜质。如果没有，家长应该激发孩子的潜质。

孩子想要在团队中发挥领导力和影响力，就必须提高个人素质，包括品德素质、能力素质、人际交往素质等，最关键的是孩子的品德和才能。

美国著名的领导学家科威曾经说过："领导最本质的东西就是个人影响力。"他认为，孩子要想在团队中发挥影响力和领导力，就要无私奉献、善于协调人际关系，让团队中的成员信任你，对你充满信心。

在这里，有几点建议供家长参考：

1．告诉孩子要信守承诺

曾经有心理学家做过一项试验，结果表明：信守承诺会让孩子获得更多人的支持，帮孩子获得团队影响力和领导力。

诺言说出口了，就要遵守它。信守承诺的孩子才会获得他人的信任。在信任的基础上，孩子才能发挥团队影响力与领导力。

2．孩子要善于表达自己对他人的关心

和他人相处时，孩子如果能够诚恳地表达自己的想法和对别人的关心，会给他人一种温暖的感觉，增强孩子在团队中的影响力。除此之外，孩子也要注意控制自己的情绪，不要随便发脾气。

家长应该告诉孩子：看到他人有困难，要帮助他人。关心别人的时候，态度要真诚，让别人感受到自己的真心。简言之，要善于表达自己对他人的关爱。

3．让孩子在团队中不可替代

家长想让孩子在团队中发挥领导力与影响力，就要培养孩子独一无二的特点，也就是说，要让孩子在团队中不可替代。

想让孩子成为团队中的领导者，具备影响力，应该注意以下几点：第一，团

队中的领导者在团队中有不可替代的作用。因此，任何时候，都应该与团队成员保持联系。第二，提升自我工作能力，自己强大了，才能让他人信服，得到他人的敬佩。有影响力的人一定是让团队成员信服的人。如果是团队中可有可无的人，工作效率又差，那何谈影响力与领导力。第三，不管处在什么位置，对待团队成员要礼貌，尊重他人也是领导者应该具备的素质。

做有“礼”的孩子，谁都喜欢有教养的人

一提到礼貌、礼仪，不同的人会有不同的感受，但是都离不开谦让的态度、容忍的气度、优雅的语言、端庄的举止等。不管是礼貌还是礼仪，规范人在社会活动和人际交往中的行为的，说到底就是教养。

一天，妈妈去学校接静漪，静漪一见到妈妈就哭了。妈妈很奇怪，孩子平时开朗、大方，在学校里人缘不错，从来没挨过欺负，今天是怎么了？

回到家，妈妈给静漪拿了一条毛巾，女儿擦干脸，说：“我们班有个男生喊我‘死猪婆’，就因为我走路慢了，挡住了他。可是，我前面有同学挡着我，我总不能飞过去吧！”妈妈说：“难怪你这么难过，那个孩子是有一些没礼貌。妈妈很好奇，你说什么了没有？”静漪说：“我让他滚！谁让他那么讨厌啊！”妈妈说：“原来我的女儿也说了这么没礼貌的话啊。他可能没看到你前面有同学，才催你的。你跟他解释一下就好了，干吗要说那么难听的话呢？以后见了这个男生要有礼貌，都是同班同学嘛！”

礼仪体现的是人和人之间的尊重。而尊重首先就体现在对人有礼貌、讲礼仪，这样的人让别人感到舒服，能带给别人愉快的感觉。因此，礼仪不只是人际交往中的外在表象，更是德行修养、学识气度、内在心灵的展现，它反映的是一个社会的文明程度。

嘉耀在经历了一次和境外的学生访问团的交流后，很有感慨。

他觉得来访的同龄人比国内的孩子更彬彬有礼，落落大方。嘉耀说，虽然我

们也很礼貌，但总觉得是那么生硬，连表达友好的时候，都有些不自然；而外国的孩子则特别自然，举手投足间就能让人感受到来自内心深处的尊重。

嘉耀的感慨正反映了“礼”的本质，真正的有礼貌、懂礼节、讲礼仪不是心里想着要怎么怎么去做，好让别人觉得自己有礼，而是把礼融入对他人的尊重之中，使自身言行进入一种习惯的状态，也就是无须意识参与的状态。这样，在交往中自然而然就把尊重传递给了别人，润物细无声地滋润别人的心灵。

习惯不是一朝一夕就能养成的。我们从孩子小的时候，就要教孩子如何礼貌地待人接物、进退应答，如何符合礼仪、遵守规范等。这样，孩子才会懂得“礼”的实质，懂得对一切生命的珍惜以及发自内心的尊重。

孩子是不是讲礼，体现的是孩子是否有教养。我们只有悉心教孩子懂礼，孩子才能成为有礼的人。

1．礼仪教育的基本内容

6～12岁孩子的礼仪教育，基本内容并不复杂，主要涉及学校礼仪、家庭礼仪、社会礼仪和个人形象礼仪。这些内容老师也会教，但是家长也不能忽视。

学校礼仪涉及课堂礼仪、服饰仪表、尊师礼仪、集会礼仪、校内公共场所礼仪等。孩子要做到不随地吐痰、不乱扔纸屑、不踩踏桌凳、不弄脏墙壁等。

社会礼仪要求孩子在社会上做到谦让有礼，对老弱病残者行走让路、乘车让座。公共场所礼仪要求孩子做到：说话要文明，不说脏字；参加各种社会活动要符合礼仪；向帮助自己的人表达感谢；等等。

家庭礼仪涉及孝敬长辈、待客热情周到、餐桌礼仪、体谅父母等。

个人形象礼仪要求孩子做到：身体直立、挺胸收腹、脚尖稍向外呈V字形；不要无精打采、耸肩、塌腰；坐下来不要瘫倒在椅子里，不要跷二郎腿，不要抖动椅子；走路要昂首挺胸，肩膀自然摆动，不要低头猛跑冲撞别人；举止不粗鲁等。

与人说话交谈要面带微笑，常用礼貌用语，如“您好”“谢谢”“请”“对不起”“没关系”等。当有不同意见时，不要大喊大叫，心平气和地说出来更有效。

2．尊重别人的隐私

孩子是否能够做到尊重别人，取决于父母是否能够做到尊重孩子。在家里，父母不随便进孩子的卧室，进去之前要先敲门，得到允许后再进去；不私自翻孩子的东西。这样的父母教育出来的孩子才会懂得哪里是自己的“禁区”，才不会乱翻父母的物品。

父母要告诉孩子，大人的事情孩子不要问，如果父母想告诉他，一定会第一时间跟他说的。

3．尊重世间一切生命

我们要从小培养孩子对生命的敬重，这份敬重体现在与人、与动物、与自然界的花花草草的友好相处之中。要告诉孩子，不要伤害它们、歧视它们，应该尊重它们的存在，给它们以自由。

教导孩子耐心倾听，那是沟通的基础

倾听是孩子必须学习的重要技能，它对孩子思维和智商的发展有着极为重要的作用。

家长应该在平时的生活中告诉孩子：“倾听是一种美德。善于倾听的孩子更容易理解他人的需求，与他人建立和谐关系。”一项科学研究数据表明：人们在日常交往活动中，听的时间占到了百分之四十五，说的时间占到百分之十。由此可见，让孩子学会倾听是非常必要的。心理学家曾说：“懂得倾听的孩子，人际关系会更融洽，因为倾听是一种含蓄地表达赞扬的方式。”

皓皓在专心致志地画画，突然对妈妈说：“妈妈，我想要一套新的彩色铅笔。你买给我好不好？”

妈妈说：“你现在用的那套不是挺好的嘛，用不着买新的。”

听了妈妈的话，皓皓不开心了，把画笔一放，开始耍小脾气，还一直嚷嚷着：“买买买，我就是要嘛！”

妈妈在一旁耐心地说：“皓皓啊，咱们不买了好不好？你这套也是新买的。”

可是，皓皓根本不听妈妈的话，还在耍小脾气。

妈妈说：“皓皓，听妈妈说好不好？”连说了好几遍，皓皓都没理睬她。等皓皓自己闹够了，妈妈问：“皓皓，你为什么要买新的画笔呀？”

皓皓说：“班上好多同学都有，我也想要。”

妈妈说：“那咱们明天去卖场看看那套是不是比你现在的这套好，再决定买不买，行吗？”

“嗯，好。”皓皓答应了。

“那你现在穿好鞋，画完你的画，以后有事好好跟妈妈说，不闹了好吗？”

皓皓马上找到自己的鞋子穿上，说：“好。”

皓皓的事例说明，家长要学会和孩子沟通，与孩子站在平等的位置上聊天，尊重孩子的想法。要尊重孩子，家长就要倾听孩子的声音，了解孩子的感受。这样，孩子才愿意和家长敞开心扉沟通。

孩子的交往过程就是倾听与诉说。假如他想和别人畅通无阻地交流，就必须掌握倾听的技巧，学会如何去倾听。倾听有两个最关键的作用：一是可以掌握对方说的重要信息；二是可以表达自己对对方的尊重，促进彼此感情的交流，拓宽自己的人际交往圈子。

在这里，有几点建议供家长参考：

1．家长要倾听孩子的想法

家长要善于倾听孩子的想法，不管孩子说的是正确的还是错误的，家长都要倾听。正确的想法，家长可以予以表扬；错误的想法，家长可以予以纠正。通过倾听，拉近亲子之间的关系，这对家庭的稳固和孩子的健康成长有着极为重要的意义。倾听是了解孩子心理最有效的方式，也是培养孩子学会倾听的必要方法。

2．在游戏中提高孩子的倾听能力

倾听是现代社会的孩子必须具备的一项技能，家长在日常生活中必须刻意地去培养孩子倾听的能力，部分孩子在倾听的时候会注意力不集中，家长要注意观察。

家长要告诉孩子，人与人之间的交流必然是要通过倾听来联系的，懂得倾听的孩子更容易获得他人的好感，交到更多的朋友。家长要端正孩子倾听时的态度，让孩子懂得倾听是一种表达尊重的方式。练习的方法有：给孩子讲一个简单的小故事，然后让孩子找到故事中提到的物品。当孩子找全物品的时候，家长应该表扬孩子。倾听是孩子接触世界、表达自我的第一步，也是孩子接受、传递信息的重要手段。在游戏中提高孩子的倾听能力，是最有效、最简单的方式。

3. 家长可以教孩子如何“插嘴”

在倾听别人说话的时候，只听不说也是不可取的。当孩子倾听其他人说话的时候，一言不发会让对方以为他根本没有在听。但是，什么时候“插嘴”是需要学习的。“插嘴”的时候，可以用询问的口气，也可以用肯定的语气。当对方情绪高涨的时候就要予以赞赏，有疑问的时候要给对方直接的回答，不要顾左右而言他。另外，“插嘴”的时候不要让对方尴尬，最好不要涉及对方的隐私和一些敏感话题。

在倾听的过程中，可以问对方擅长的问题，比如对方说到去某地旅游的事情，就可以询问对方当地的小吃、最出名的景点及途中的逸闻趣事，这些都可以引起对方倾诉的欲望。接下来，就可以静静地倾听了，这样做可以拉近彼此之间的关系，是一种极为巧妙的提问方式。这样做，孩子的倾听能力才会得到提高。

谦虚使人进步，不能让孩子盲目自大

该怎样培养孩子谦虚的品质呢？毛主席曾说：“谦虚使人进步，骄傲使人落后。”骄傲的孩子会给自己的双眼蒙上一层眼罩，看不到更高、更远的地方，变得自私狭隘、目中无人。即使一个人非常优秀，在某些方面的造诣很深，他也不能骄傲自大。因为，仍然有很多知识是他不知道的，需要他虚心学习，向他人请教。

谦虚是一种美德，是人们不断进取的一种态度。“生命有限，学海无涯”，任何一个具有谦虚品质的人都有进步的动力，都会不断进步。

兰兰是个漂亮可爱的女孩，不仅成绩优秀，家庭条件也很好。由于父母都是做大生意的，兰兰从小就穿着各种漂亮的名牌衣服、用着名牌书包。在学校，兰兰是班里的“文艺骨干”，是同学们眼中的小明星；在家里，兰兰是父母的掌上明珠，集万千宠爱于一身。

在这样的环境下，兰兰开始自命不凡了，她变得有些狂妄自大，骄傲的情绪不断膨胀。只要一有机会，兰兰就会显摆自己、贬低他人，惹得其他同学都非常不喜欢她。

有一次，一个同学向兰兰请教一道作业题。没想到兰兰竟然大声说道：“你可真笨呀，连这个问题都不会，笨死了。”结果，这个同学生气了，说道：“你这个人怎么这么没有礼貌，我不过是问了你一个问题，你竟然如此不尊重别人，难怪大家都不喜欢你，你的确挺讨厌的。”说完，这个同学从兰兰手中扯回作业本离开了。班上的同学也纷纷指责兰兰，有的同学甚至挖苦她道：“有什么了不起的，以为自己是谁呀。”气得兰兰大哭了起来。

过了几天，班里开始推选新一任班长，兰兰一直都是班里的班长，然而这一次她却落选了，而且输得很惨，全班同学竟然没有一个人投她的票。看着其他几名竞选人的名字下面都横七竖八地画着计票的标记，而自己的名字下面却干净得一个标记都没有，兰兰觉得又尴尬又委屈。

回到家里，兰兰伤心地哭了起来，连晚饭都吃不下去，边哭边嘟囔着："为什么不选我呀，他们的能力都没有我强，凭什么都不选我？"兰兰的爸爸听完兰兰的讲述后，明白自己孩子的身上出现了问题——孩子有些骄傲，总是瞧不起同学，那么同学们又怎么会喜欢她呢。

爸爸耐心地向孩子分析缘由，含蓄地指出了兰兰的毛病。兰兰听完之后，羞愧地低下了头。

骄傲是一种不良的心理状态，作为家长，我们应该给予孩子正确的引导，使孩子养成谦虚的品质。那么，父母应怎样培养孩子谦虚的品质呢？

1. 让孩子认识到骄傲的危害和谦虚的好处

培养孩子谦虚的品质，首先需要向孩子讲清谦虚和骄傲对孩子成长的不同影响。谦虚使人进步，骄傲使人落后。谦虚的人时刻都保持着空杯心理，不自满，总会不断地学习，充实自己；而骄傲的人则自大自满，总是高看自己，觉得谁都不如自己，看不起身边的人，看不到他人的优点，不屑于向他们学习。因此，他们不仅不会进步，还会倒退。

除此之外，谦虚的人更容易建立起良好的人际关系来。因此，他们懂得尊重他人，有亲和力。而骄傲自大的人，则总觉得高人一等，看不起身边的人，导致人际关系很糟糕，得不到大家的喜爱与认可。

这就是谦虚与骄傲的区别。

2. 教会孩子客观评估自己

任何人都有自己的优点和缺点。对此，每一名孩子都应客观、全面地认识到：自己的优点再多，也有不如别人的地方；别人的缺点再多，也有值得自己学习的地方。

培养孩子谦虚的品质，首先应该让孩子学会客观地评估自己，既能发现自己的不足之处，也能看到他人的过人之处，取长补短，不断进步。

山外有山，人外有人。带孩子多见识见识外面的世界，开拓孩子的视界，才能让孩子认识到自己的不足，避免孩子成为井底之蛙。

懂得如何拒绝的孩子，更能体现高情商

我们先来看一个事例。

安安正在小区里荡秋千的时候，邻居家的男孩小石头跑了过来，也要荡秋千。安安才刚玩，还没有荡够呢，但看着强势的小石头，心里又有些胆怯，便从秋千上下来了。

“你赶紧玩，玩完了我还要接着玩呢。”安安恋恋不舍地站到了秋千旁边，看着小石头玩。

小石头才不管她要不要玩，一直荡来荡去，直到吃晚饭的时候才从秋千上跳下来。

可这时候，安安妈妈也来叫安安回家吃饭了。等了这么久，竟然没有玩到，她觉得委屈极了，一边往家走，一边呜呜呜地哭了起来。

“怎么了？”安安妈担心地问，还以为是她玩的时候受伤了。

安安抹一把泪，小声把刚才的事情说给妈妈听。妈妈听后，叹了口气，说道：“你就不会拒绝他吗？你先玩的，如果真不想让出来，就应该好好拒绝他啊。”

“可是，我不知道该怎么说。”安安低着头回答道。

“直接和他说‘不行’。”妈妈为女儿打抱不平。

安安记下了。没两天，果然又遇到了相同的事情，小石头扯着秋千绳子不让她玩。

“你下来，我要玩。”小石头理直气壮地说道。

安安这次没有乖乖下来，直着身子说道：“不要！我还没玩够呢，凭什么让给你。”

小石头一听，生气了，用力把她从秋千架上拽了下来，两个人扭打起来。

知道此事后，安安妈妈决定用心教孩子学会拒绝他人的艺术。自那以后，她经常会咨询许多教育专家、心理学家或社交礼仪老师，以寻求教孩子拒绝他人的好方法。

在妈妈的耐心培养和积极引导下，安安渐渐学会了许多与人交往的技巧，也学会了如何在不损害各自利益的基础上拒绝他人。

后来有一次，小石头想要和安安一起玩玩具，但安安马上就要出门了，于是对小石头说："现在妈妈要带我出去，我们先去办事，回来我立马去找你玩好吗？"

安安说这话时，语气温和，面带笑容。小石头自然也不会生气，而是很自然地答应了下来。

大多数情况下，家长都会教育孩子：要学会跟别人分享，为人处世要慷慨大方，这样才能获得他人的喜爱和信任。一般来讲，家长的这种教育方式并没有错，因为懂得分享是每个人都应具备的优秀品质，它能让孩子交到更多的朋友。

但有些时候，面对别人提出的不合理要求，或者自己无法轻易做到的事情，孩子也要学会拒绝，以免给自己和对方带来困扰。大胆地拒绝别人，是相当重要却又不太容易的事情。家长教育孩子懂得分享的同时，还要让孩子学会如何去拒绝一些不合理的请求，这里有几个小技巧供大家参考。

1．教孩子不能因感情用事拒绝别人

家长要教孩子学会拒绝，首先要让孩子明白，拒绝并不等于自私。拒绝别人是对人和事物做出理智判断后才能采取的行为，而感情用事是对别人和自己都不负责任的一种态度。

2．让孩子学会语气平和地拒绝别人

告诉孩子，在拒绝别人的时候要和对方"磨嘴皮子"，所谓的"磨嘴皮子"，是指当孩子想拒绝别人的请求时，不要用生硬的语气直接拒绝，可以尝试用商量的语气和对方交流，这样可以巧妙地拒绝别人，以防发生冲突。

上述事例中，妈妈在教女儿安安拒绝他人的方法时，就时常告诉她遇到问题要和别人心平气和地商量，要让对方感受到诚意。后来，女儿要出门时遇到来找她玩的小伙伴，她对小伙伴“动之以情”，用商量的口吻与其对话，如“回来我立马去找你玩好吗”。

3．教孩子拒绝别人时要说出理由

对别人的某些要求，如果孩子觉得过分了或自己不能做到时，家长应该鼓励孩子向对方说明自己拒绝的理由。比如，自己身体不舒服、没时间等，让对方了解到自己的苦衷。

4．告诉孩子必要时应该推迟别人的请求

如果孩子不想答应别人的请求，又不好意思拒绝的时候，家长可以教孩子用往后拖延的办法推迟别人的要求，例如“我考虑好了再回答你”“我现在没有时间”等。这是一种委婉拒绝别人的方法，避免了双方的尴尬。

5．让孩子欣然接受他人的拒绝

在和别人交往的过程中，孩子会面对别人的不合理请求，也同样会对别人有不合理的请求。作为家长，不仅要教孩子学会拒绝别人，还要教孩子接受他人的拒绝，让孩子学会换位思考，理解别人的苦衷。

第五章

在爱的教育中，让孩子的情商走向成熟

给予孩子爱，孩子才懂得如何去爱

随着科技的发展，人们的生活节奏越来越快。很多家长每天忙碌到无法关心自己的孩子，没有更多的时间陪伴孩子。当然，他们还是爱孩子的，但对于他们来说，给孩子物质上的满足，就是对孩子的爱。其实不然，孩子真正需要的是家长的关爱、陪伴。尤其是在 6 ~ 12 岁这个年龄段，孩子刚刚迈入校园生活，肯定会遇到各种各样的困难和麻烦，如果家长对孩子缺少关爱，孩子在这方面没有得到很好的教育，他们又如何懂得在学校里去关爱别人呢！长期这样下去，对孩子的身心成长都会造成不利的影响。

在同学们眼中，小舟就像一个“怪小孩”。

小舟平时不喜欢说话，和他亲近的朋友在班里基本没有，大家很少看到他和谁来往亲密。独来独往的他在成群结伴的同学们中间显得那么孤单。

“小舟，这个给你。”同桌把一盒牛奶递给他，“快喝吧，我妈妈热过的，我特意跟她说了多带一个的。”同桌眨着眼笑嘻嘻地说。

“哦。”小舟看着眼前的牛奶，一时间竟然不知道说什么，连句“谢谢”也忘了说。

“喂，你怎么了？怎么突然魂不守舍的？”同桌看着发愣的小舟，撇撇嘴想道，“我看你总是一个人吃冷的早餐，才特意给你热的牛奶。竟然这么不以为然，一句感谢的话都没有。”

周末的时候，小舟接到爸爸的电话，原来是奶奶病了，就住在医院里。小舟静静地听着，在电话里一声不吭。爸爸对着沉默的小舟突然发了火：“你这孩子怎么回事。奶奶病了，你不知道去看望一下吗？奶奶以前白疼你了啊。”

小舟嘟嘟囔囔地说："干吗发这么大脾气，我不想去医院。周末还不能休息一下啊？再说，我去看了，奶奶又不会好起来啊。"

"小舟你怎么这么不懂事，怎么能说这样的话？太不像话了！"妈妈听了小舟的话，生气极了。

"本来就是嘛，我平时生病了，你们不也是这样吗？也没有人来陪陪我看看我啊，都是我自己买药，你们没有觉得这样有什么不好，那我也觉得没什么不好啊。"小舟竟然有些理直气壮。

妈妈一听这话，更是气不打一处来："好啊你，自己不孝顺还给家长找毛病了啊。你不知道我们平时有多忙啊！这么大的人了让你学会照顾自己还有错了？"

"嗯，好，你们忙。那我也很忙，我去做作业了。"小舟头也不回地关上了房门。

上述事例中的小舟看似有些"不近人情"，不懂得回应别人的关心和爱意，也不善于表达自己的情感。但孩子的看似不通人情却是由于家长的疏忽而造成的。从事例中可以得知，小舟的家长忙于工作，疏于对孩子的照顾，让孩子不懂得如何回应和表达自己的情感，在人际交往中容易让别人误会，觉得孩子不通情达理，甚至有些冷漠、不近人情。归根结底是家长没有给孩子应有的关爱，导致孩子对情感的感受不够敏锐，变得有些迟钝。长此以往，对孩子的成长和身心健康是很不利的。不仅会对孩子的人际交往造成障碍，还会对孩子的心理造成一定的伤害，甚至让孩子产生一些心理问题，给孩子的身心健康都会造成不良影响。

家长对孩子的关爱不够，对亲子间的关系也是一种破坏。孩子的心思敏感细腻，很多大人不以为然的细节对孩子来说都是不可忽视的重要问题。因此，家长要对孩子的情感和心理变化多多关注，给孩子足够的关爱，让孩子懂得什么是关爱。这样，孩子才能学会关爱别人。这里有几点建议供各位家长参考，希望能对家长们有所帮助。

1．从孩子生活中的一点一滴做起

节奏快、压力大的生活让家长越来越繁忙，对孩子的照顾和关爱难免会有疏漏。这种情况下，会容易让孩子觉得家长对自己“不在乎”或者冷落了自己，孩子的心理会变得不平衡。因此，家长对孩子的关爱要从细节做起，让孩子感受到家长的关爱。比如参与孩子的游戏，跟孩子一起看电视节目并为孩子讲解，既陪伴了孩子，还让孩子明白更多知识。在孩子受委屈或不舒服时，更要对孩子的心理及时进行安慰和疏导，让孩子感受到温暖和关爱。家长不要经常以工作忙为借口而缺席孩子的生活，比如不去家长会，或者答应孩子的出游却临时出尔反尔等。

2．家长要教孩子发现爱

有这样一句话：“生活中不是缺少美，而是缺少发现美的眼睛。”对于情感也是这样。作为父母，对孩子的关爱自然是不言而喻的，但这必须都要让孩子能够发现和感受到。在与人交往的过程中，对别人情感及情绪的体察也是非常重要的。如果不能及时感知别人的情感变化，或者不懂得别人对自己的好，会给别人留下冷漠、不近人情、不明事理等不好的印象。因此，家长不仅要爱孩子，还要让孩子感受和明白别人的关爱，也就是要教孩子有感恩之心。只有常怀感恩之心，才不会对别人的关爱无动于衷，在和人交往的过程中才不会被别人贴上“冷漠”“无情”的标签。也只有在感受到别人的关爱后，才能做出回应。

3．教孩子学会表达自己的爱

孩子能够发现生活中的关爱，是表达爱的基础。但有的孩子由于羞涩或天性比较拘束，不善于表达自己的情感，因此，家长要教孩子学会表达自己的情感，只有将自己的关爱表达出来，才会被别人感知。表达自己的内心情感的方式有很多种，一言一行甚至一个眼神，都是自己内心情感的流露。中国人向来内敛含蓄，经常将内心的情感隐藏起来或者表达得很隐晦。因此，家长要给孩子做好表率，将对孩子的关爱表现得更为直接和热情，让孩子在潜移默化中学会将自己的情感表现出来。对亲人、朋友、陌生人，都能够表现出自己的友善和关爱。这样，在人际交往中，孩子也会更加受欢迎。

培养孩子同情心，让他明白爱的重要性

同情心是人类的重要情感之一，具有同情心的孩子更能体会他人的感受，更能包容、体谅他人，更容易建立良好的人际关系、拥有幸福的人生。同情心不是一朝形成的，需要长期的、潜移默化的熏陶，由外及内，在孩子的潜意识中形成。在这个过程中，父母是孩子的启蒙老师，需要重视孩子的情感发展，抓住生活中的各种细节，丰富孩子的情感，帮助孩子培养同情心。

在一个温暖的午后，欢欢和爸爸在郊外散步。看着眼前鲜花灿烂、绿树成荫的迷人景致，欢欢和爸爸有些流连忘返。

忽然，欢欢大叫道："爸爸，爸爸，你看那边的那位老太太多好笑。"顺着女儿手指的方向望去，只见一位白发苍苍的老人，穿着厚厚的冬衣，一只手扶拐杖，另一只手颤颤巍巍地想要摘一束野花。

"年纪这么大了，还想要摘花，看她的样子似乎走路都有些困难了。"听着女儿的话，父亲脸上的微笑消失了，他狠狠瞪了一眼女儿，快步走到老人的身边，问道："老人家，您想要做什么？我可以帮助您。"老人抬头看了看欢欢爸爸，说道："我想要摘几朵花，今天是我那老头子的生日，他瘫在床上 10 年了，不能出屋，就想看看春天里的鲜花。"看着老人眼睛里打转的泪花，欢欢爸爸难受极了。他将老人扶到座椅上坐下，转身走到路边的花丛中摘了一束美丽的鲜花，对老人说道："我送您回家吧。"老人点了点头。

之后，欢欢和爸爸再谈起这件事情时，爸爸总是责备欢欢没有同情心，他对欢欢说道："天气那么热，那位老人还穿得那么多，肯定是身体不好。看到她颤颤巍巍地想要摘一束鲜花，随时都有摔倒的可能，你不仅没有要帮助老人家的想

法，反而去嘲笑老人家，太没有同情心了。”

欢欢默默地低下了头，她觉得爸爸批评得对，她需要好好反省一下自己。

事例中欢欢的行为并不是一个特例，现在的很多孩子都缺乏同情心，例如公共汽车上一些孩子从不给老人让座。这种现象不得不让人担忧，孩子们是祖国的下一代、未来的希望，他们如果缺乏同情心，社会上还会有爱吗？作为家长，我们有责任培养孩子的同情心，那么，到底应该怎样培养孩子的同情心呢？

1. 不要扼杀孩子的同情心

很多小朋友都非常有同情心，例如他们不愿意妈妈杀鱼，会因为妈妈杀鱼而痛苦；看到别的小朋友哭泣也会跟着伤心。这些都是孩子同情心的表现。作为家长，我们不应该因为孩子的这些行为而训斥孩子，否则便会扼杀孩子的同情心。

2. 潜移默化地影响孩子

想要培养孩子的同情心，家长首先应以身作则，富有同情心。这样才能在生活中潜移默化地影响孩子的情感世界。

3. 面对孩子的破坏行为，家长要采取怀柔战术

平时我们经常会看到草坪中的这些提示：“不要踩我，我怕疼。”这是一种非常好的方法，会让很多行人都脚下留情。对于正在实施破坏的孩子，家长也可以采用这个方法，告诉孩子：“不要再摔它了，它快哭了。”这样更容易激发起孩子的同情心。

4. 鼓励孩子多帮助他人

例如，在生活中，看到小朋友摔倒，家长可以鼓励孩子去帮助一下他们，让孩子在帮助他人的过程中建立起同情心。

5. 经常向孩子求助

家长也有需要帮助的时候。这时，我们可以向孩子求助，告诉孩子自己的状况，让孩子感受到自己是被需要的，让孩子有机会表现一下自己的同情心。

著名教育家陈鹤琴先生说过：同情行为在家庭里、在社会上都是一种非常重要的美德。若家庭里没有同情行为，那父不父、母不母、子不子，家庭就不能称其为家庭；若社会上没有同情行为，尔虞我诈，每个人都十分自私，社会也不能称其为社会了。由此可见，家长们一定要从小培养孩子的同情心。

先懂得爱自己，才能学会去爱他人

一个人如果不能接纳自己，还能奢求别人接纳他吗？可想而知，在这个世界上，如果得不到任何人的肯定，人生该有多么苦恼和无助，该有多么迷惘啊！父母要想提高孩子的情商，让孩子在人生中收获幸福与快乐，最重要的就是引导孩子爱自己。因为孩子唯有发自内心地热爱自己，才能热爱这个世界，也才能最大限度地打开心扉，接纳一切。这是孩子收获幸福人生的基础，也是孩子拥有充实、精彩人生的先决条件。

不可否认，在现实生活中，很多孩子随着自我意识的觉醒，对于自己越来越不满意，甚至情不自禁地挑自己的毛病，苛责自己。这样一来，他们必然感到很迷惘，甚至对于生活也失去方向。

事实上，大凡高情商的人都是爱自己的，因为他们很清楚自己是这个世界上独一无二的存在，是不可取代的生命个体。因为爱自己，他们对于自己的优点很满意，对于自己的缺点也足够包容。他们更加关注自己，而不忽视和漠视自己。他们接纳自己的过往，也展望美好的未来，他们知道自己的价值所在，也能勇敢地承担起属于自己的责任。他们有做人的原则和底线，不能容忍生活中的假丑恶，而追求真善美。他们把自己真正地融入大自然，融入人类社会，通过对自己的深刻认知和理性反思，提升和完善自己。

有些父母担心孩子爱自己是自私的表现，实际上这与自私是截然不同的。爱自己的人更懂得尊重自己，也更能够拼尽全力，自强不息。爱自己的孩子具有安全感，对于生活也容易感到满足，强烈的幸福感让他们的内心很充实。与此恰恰相反，不爱自己的孩子总是挑剔和苛责自己，总是批评和否定自己，可想而知，他们的人生注定远离幸福，也注定不快乐。当父母发现孩子对于自己总是不满意且郁郁寡欢的时候，救赎孩子唯一的方法就是教会孩子“自爱”。

“薇薇，该起床了。”妈妈一边叫着赖床的薇薇，一边给薇薇准备着衣服，“你看看，你现在跟‘衣来伸手，饭来张口’有什么区别？都是快上初中的人了，还是什么都不会做。”妈妈一边说着，一边给睡眼惺忪的薇薇穿衣服。

“妈妈，我会自己做的。我还能帮你做好多事呢。你看，我可以帮你……”薇薇正要在一旁“如数家珍”般说自己，妈妈就笑着打断了她：“你还是先学会照顾自己吧。你看看你现在，什么都要别人帮你，连自己都不会爱，更不能爱别人了。”

“不会爱自己？我怎么不爱自己了？”薇薇惊讶地说，“我怎么会不爱自己呢。你看我给自己吃好东西，我喜欢漂亮的衣服，还喜欢……”

“薇薇，这就是爱自己了？”妈妈说，“爱自己可不是简单地给自己吃好喝好啊。”

“那是什么？”薇薇一下子来了兴致。

“爱自己啊，首先就是生活能够自理，能够自己照顾自己的生活。当然了，首先就是要健康，比如说锻炼身体，这也是爱自己的表现啊。自己要做个阳光积极的人，这样才能感染到身边的人。”妈妈对薇薇解释道。

“这样爸爸妈妈才能不担心你，你也是在帮爸爸妈妈省心啊？这不是也帮了别人了吗？”妈妈笑着说。

“嗯，好，那我以后要做个会爱自己的人。只有会爱自己了，才能爱爸爸妈妈，爱别人。”薇薇也笑着保证。

“爱自己”其实是很多人都会忽略的一个问题。不仅是孩子，许多成年人也未必能做到“爱自己”。事例中的薇薇不懂得如何爱自己，妈妈给了她一个巧妙的答案：要想爱别人，就得先学会爱自己。一个不爱自己的人很难具备爱别人的能力。自爱是一种能力，英国作家毛姆说：“自尊、自爱是一种美德。”教孩子爱自己是教孩子对自己负责，教孩子更好地照顾自己。只有明白自己的生活和情感需要，孩子才能学会由己及人，在生活中才能更好地体会别人的心理感受，才能更加明白“己所不欲，勿施于人”的含义。

懂得爱自己的孩子在生活中会更加自信，更加懂得自尊和自强，让孩子学会爱自己，孩子将会受用一生。这里有几点建议供各位家长参考，希望能对家长们有所帮助。

1．教孩子学会照顾自己的生活

家长教孩子学会自爱应从让孩子学会自理开始。习惯“衣来伸手，饭来张口”的孩子不是真正爱自己。作为家长，如果让孩子养成过分依赖别人的习惯，那也是对孩子的一种不负责，剥夺了孩子自理的权利，也是失去了让孩子学会自爱的机会。孩子的自理能力要从小培养，从让孩子学会自己穿衣穿鞋、使用筷子等基本生活技能，以及一定的安全意识，学会保护自己，比如电器的使用、躲避危险的基本常识等。随着年龄的增长，对孩子的生活能力的培养也要更进一步，比如洗衣服、简单烹饪等。家长还要注意锻炼孩子的生存技能，比如对方向的辨别和一些生活常识等。学会照顾自己的生活是孩子学会爱自己的基础，也只有学会生活自理，才能照顾别人、爱别人。

2．教孩子学会自尊、自信

学会生活上自理是教孩子自爱的最基本要求，自爱更体现心理上的自尊和自信。首先，家长要教孩子正确认识自己。自尊自爱是孩子必备的品质，爱自己的孩子必须是自尊自信的。家长对孩子自尊心的培养可以从很多方面入手，比如对荣誉的追求和珍惜，对个人生活习惯的培养，教孩子意识到文明礼貌的重要性，都是对孩子自尊心的培养方式。在这些过程中，家长要注意的是要保护和尊重孩子的自尊心，同时记得鼓励孩子要对自己保持自信。增强孩子自信心的方式有很多种，比如培养孩子的特长，对孩子的表现多加鼓励，让孩子看到自己取得的成绩得到家长的认可，等等。拥有了自信和自尊，就会意识到尊重别人的必要性，这样会使孩子和别人的相处更加融洽与和谐。

3. 教孩子学会照顾自己的情绪

在生活中，人们经常会发现这样的现象：孩子的情绪不稳定，很难控制自己的脾气，并且容易被不良情绪影响，自己无法很好地调节，严重者甚至会因此而产生心理疾病。一个爱自己的孩子是能够分辨不良情绪和积极心态的，并且能够为自己的情绪及时“诊断”，让自己保持积极阳光的生活状态。爱自己的孩子会让自己处于快乐和健康的生活状态中，并且保持清醒和理智，做自己应该做的事。爱自己的孩子会保护自己的情绪不被伤害，即使受挫也能够很快调整。

因此，家长要教孩子学会这项技能，做一个内心强大的人。比如教孩子意识到生活中很多重要的东西，例如亲情、友情等，让孩子感受到生活中的阳光。推荐孩子读好书，丰富孩子的精神世界，增强孩子的精神力量。家长的引导作用也是不可忽视的，孩子由于年龄、阅历的限制，心理自我调节能力不够，需要家长及时帮助。孩子在学会照顾自己的情绪之后，在和别人交往的过程中，自然能敏锐感觉到他人的情绪，也能够帮助别人调节心情，自然也能够爱别人。

让孩子明白，亲情是一切情感的源泉

亲情是一种重要的情感。从亲情出发，让孩子认识到他人对自己的关爱及自己对他们的回馈的重要，让孩子学会关爱亲人，从而在以后走向社会后能将这种情感推广到关爱他人、关爱社会，当一个积极向上、有责任感的人。苏联教育家苏霍姆林斯基说过：“只有爱妈妈，才能爱祖国。”亲情是一切情感的源泉，一个连养育自己的家长、关爱自己的亲人都不关心，连最亲近的亲情都漠视的人又怎么会爱他人、爱祖国呢？古语云：“求忠臣必于孝子之门。”也是这个意思。

爸爸妈妈打算周末带妮妮去看望乡下的爷爷奶奶，可是妮妮却有点不情愿。

“乡下没有好玩的玩具，没有可以买东西的大商场，而且亲戚家的小孩子那么多，每次回去都叽叽喳喳的，烦死了，我才不要回去呢！”妮妮心里暗暗抱怨着。为了不去乡下，她对爸爸妈妈说：“我要去游乐场玩，我们下次再去看爷爷奶奶好不好？”

看着打鬼主意的妮妮，爸爸妈妈也很无奈。都六年级的孩子了，可还是和家里人亲情淡漠，始终不愿意和家里人多接触。亲戚来家里，妮妮也表现得很淡漠，客套地打过招呼后就躲在房间里不出来了，和几个表姐妹也没什么深厚的感情。这让爸爸妈妈很担心。

“唉，看妮妮现在这样，以后可怎么和家里人相处啊？一点儿都不像我们小时候，兄弟姐妹多，感情又好，现在还能相互帮个忙。他们这一代亲情这么淡漠。”

“是啊，现在的孩子都独处惯了，亲情的概念在他们脑海里基本是个空白，在家里和父母的交流都很少，更何况和其他亲人呢？”

看着一旁沉浸在动画片里的女儿，妮妮的父母陷入了担忧。

现在，不少孩子都像事例中的妮妮一样对亲情十分淡漠，在家里娇生惯养，养成了自我、自私的性格，加上电视电脑和各种高级玩具，让孩子更加沉浸在自己的世界，忽略了身边最重要的感情——亲情。

进入青春期的孩子，随着自我意识的膨胀，和家长的矛盾也会增多，亲情观念在心里又会淡化不少，但这样的状况对孩子的发展很不利。我们都知道亲情对于一个人的重要性，这是陪伴我们每个人终生的情感。

俗话说："血浓于水。"亲情是不会随着时间和外界的变化而改变的情感，是一个家庭甚至家族的情感纽带，是将一家人凝聚起来的强大力量。因此，让孩子认识什么是亲情对孩子的发展至关重要，这里有几点建议供家长们参考。

1．让孩子在日常生活中体会到亲情的存在

与孩子接触最为紧密和亲近的就是家长了，所以家长要当好孩子的启蒙老师，让孩子在生活的点滴中意识到亲情的存在。通过日常对孩子的照顾与关爱让孩子体会到家长的亲情，同时要为孩子营造一个温馨和睦的家庭氛围，让孩子体会到亲情的存在。

家长自己也要重视与家人之间情感的培养。在亲情缺失的环境中，孩子是无法感受到亲情的。孝，是亲情关系中必不可少的润滑剂，是对长辈的回报，是对亲情的回赠。家长要孝敬老人，给孩子树立一个好榜样，经常带孩子回家看望老人，对长辈的疼爱要懂得回馈，在潜移默化中让孩子认识到亲情的重要性。

2．让孩子学会感恩

教孩子意识到亲情，还要让他们学会感恩，在亲情的来往中加深对亲情的理解，更加深刻地体会到什么是亲情。面对长辈们的关爱，要教会孩子学会感恩，教孩子重视亲人之间珍贵的亲情。亲情是一种无法选择的情感，无论发生什么事，都不会改变这种亲缘感情。所以要教会孩子学会感知、珍惜、感恩。为家长做些力所能及的事，经常看望爷爷奶奶，和家里的表兄弟姐们搞好关系，这些都是对亲情的回馈，对亲人的感恩和回报，在日常生活中培养孩子的亲情意识，在感恩和回报中增进亲情。

3. 用亲情故事感化孩子

亲情是一种亘古不变的情感，我国传统中“孝”等传统美德很好地诠释了亲情的含义。家长可以利用这些故事，让孩子体会到亲情的力量。给他们讲讲“香九龄，能温席”这些经典传诵的故事，用他们喜欢的方式让孩子在故事中领悟亲情。

热爱大自然，拥抱它的美丽

有位哲学家说：“家长要教会孩子读两本书，一本书是自己，一本书叫作自然，希望孩子能够用心来阅读这两本书，不单只用眼睛。”大自然本来就是最杰出的画家，更是杰出的艺术家，在大自然里蕴含着说不出的美丽，也隐藏着许多秘密。孩子有着非常敏锐的感知力，也有着强烈的好奇心，当孩子置身于大自然的怀抱，就已经展开了想象的翅膀。这时候就需要父母教会孩子热爱大自然，拥抱大自然，感受来自大自然的美丽。

假期里，妈妈带着莉莉去安徽旅游，要爬黄山。早上，妈妈带着莉莉开始爬山，刚开始的时候，莉莉劲头很足，把妈妈甩到了后面。可过了一会儿，莉莉感觉累了，好几次都说不想爬了，直嚷着“太累了，太累了”。从后面赶上来的妈妈给她鼓劲儿：“莉莉，你要加油，山上还有好多美丽的树在等着你去看呢。”这样一说，莉莉就有了精神，因为她对那些树产生了兴趣，于是就跟着妈妈一步一步地登上了山。

到了山顶，莉莉一眼就看到了那些树，她欢快地跑到树旁，仔细地观察起来。过了一会儿，莉莉突然对妈妈说：“妈妈，我认识它们，它们是青松。”妈妈问莉莉是怎么知道的，莉莉说：“老师说的，它的叶子真的像针一样。”接着，她又问，“妈妈，它为什么长在山崖边？”妈妈告诉莉莉：“因为青松很厉害，它不怕风，不怕雨，什么困难都不怕，所以它才会在这里。”莉莉听了，若有所思地点点头：“我也要跟它学习，不怕困难。”下山时，莉莉就再也没说过累，高高兴兴地跟着妈妈下了山。

回来以后，莉莉就对大自然充满了兴趣，妈妈为了让孩子接触到美丽的大自然，带着莉莉回了趟老家，那是个有山有水的美丽地方。到了田野，莉莉就像撒欢的小驴一样，满地奔跑，对什么都感兴趣："妈妈，你看！那儿有好多喜鹊！""那棵小树被折断了，它肯定很痛，因为它哭了！"最让妈妈感到奇怪的是，莉莉居然拿着葱苔叫道："这是葱妈妈里的葱孩子。"妈妈哭笑不得，也见识到孩子那无比丰富的想象力。

要回家时，莉莉问妈妈："大自然为什么会这么美丽？"妈妈也不知道该怎么回答，只好说："因为大自然是最杰出的画家。"莉莉又问："为什么城市里的树叶上落满了灰尘，但这里的树叶却这么翠绿，而且也很干净？"妈妈回答道："因为城里的人不爱惜大自然，他们到处丢垃圾，这样树就脏了。"莉莉一下子明白了，她郑重地说："那我以后绝不乱扔垃圾，还大自然一个美丽。"妈妈笑着点点头。

如果孩子远离了自然，就会变得缺乏想象力，也缺乏应对各种复杂环境的能力。孩子平时在学校进行长时间的学习，学习上的压力得不到缓解，内心的焦虑也日渐严重，他们就像是关在笼子里的小鸟，需要畅游在大自然里，呼吸新鲜的空气。他们有必要亲近大自然，热爱大自然，成为大自然最童真的追随者。

那么，应该如何培养孩子对大自然的热爱呢，在这里为家长提供以下几点建议。

1. 培养孩子用心感受自然

父母要想孩子热爱大自然，就需要让孩子更多地亲近自然，让其融入自然中。培养孩子热爱自然、亲近花草动物的感情；让孩子用心去感受，才能真正地感觉到大自然的美丽。在周末或者假期，父母可以带领着孩子走出家门，融入大自然的怀抱，让孩子用身体去感受自然，用眼睛去观察自然，感受自然的美丽；用手去触摸自然，和自然融为一体。走在田野里，踏在自然的路上不断地前行；倾听自然的语言，感受大自然演奏的和谐交响乐。大自然给了孩子无穷的乐趣，也赋予孩子无穷的力量。

2. 让孩子在大自然中享受乐趣

在大自然中，大部分孩子都喜欢边走边玩，走走停停、停停走走，捡路边的小石子，采摘路旁的野花。有时候，地上的一只小蚂蚁都能让孩子停下脚步，仔细地看上好一会儿。这时候，孩子是在用心地观察，父母尽量不要打扰他。在畅游大自然的过程中，父母可以引导孩子亲近自然，享受自然带来的乐趣，在自然中获得知识。

3. 培养孩子保护大自然的意识

有的孩子喜欢乱扔垃圾，喜欢采摘公园里的花朵，这样的行为是破坏大自然的不良行为。因此，父母要进行正确的引导，培养孩子保护大自然的意识。父母可以带着孩子到野外去感受大自然的美丽，并不失时机地告诉孩子：在生活中要积极爱护一花一草，不要乱扔垃圾，这也是爱护大自然的方式，只有大家齐心协力保护大自然，才会让大自然更加美丽。这样对于孩子身心健康也是非常有帮助的。

培养孩子感恩之心，让他明白一切来之不易

民间有句俗话，叫作“升米养恩，斗米养仇”。这句话的意思是说，在他人遇到危难的时候，如果你给他小小的帮助，他一定会万分感激。而如果你给他很大的帮助，那么他就会索求无度，甚至因为你无法再满足他的要求而仇恨你。为何给得越多，反而越得到抱怨呢？这是因为人心里的贪念在作祟，得到的越多，奢望也就越多。

一个内心贪得无厌的人，总也得不到幸福，甚至会感到非常苦恼。只有怀着感恩之心的人，才会对自己所拥有的一切心怀感激。随着现在家庭生活水平的不断提高，很多孩子从小就习惯了衣来伸手，饭来张口，因而总是对父母不断提要求。在这种情况下，要想让孩子对于自己拥有的一切感恩和知足是很难的。父母如果不想让孩子变成“白眼狼”，就要更加注重培养孩子的感恩之心。换一个角度而言，孩子也唯有拥有感恩之心，才能生活得更加快乐和知足。

孩子并非生来就有感恩之心，很多父母对孩子有求必应，渐渐让孩子的胃口变得越来越大，最终让孩子变成一个索求无度的人。明智的父母会拼尽全力地爱孩子，却不会倾尽所有地给孩子。随着孩子不断地成长，他们还会引导孩子努力争取，依靠自己的力量去改变一切。孩子只有在亲自付出和努力之后，才能意识到人生中的很多得到都是命运的馈赠，都是父母拼尽全力才为他们提供的，而并非凭空得到的。这样一来，孩子才会更加理解父母的苦衷，也才会更加感恩父母为自己提供的一切生活条件。

张磊坐在客厅里沉思，爸爸好奇地询问：“小磊，你在干什么呢？有什么问题不能解决吗？”张磊看了一眼在厨房忙碌的妈妈，悄悄地跟爸爸说：“爸爸，

你知道妈妈过两天就要过生日了吗？”爸爸点点头。“可是，你觉得该送什么礼物好呢？”张磊向爸爸询问。“礼物就代表着你的心意，只要你用心就好了，一张卡片也可以。”爸爸好心建议。“哦。”“最重要的是感谢妈妈，妈妈每天这么辛苦，你要懂得感谢她。”听了爸爸的话，张磊又陷入了沉思，这时候妈妈端着饭菜出来了，张磊看着妈妈被冷水冻红的手，心里有了主意。

生日那天，妈妈像往常一样下班回来准备做饭，突然妈妈一时兴起想逗下张磊：“妈妈今天好累，抱抱我吧，一会儿妈妈还要做家务呢。”听了妈妈的话，张磊立即对妈妈说：“妈妈，我可以帮你做家务。”这时候，爸爸端出一个蛋糕，和张磊唱起了生日歌，张磊也拿出了自己准备的礼物，是一双漂亮的手套，还附带了一张卡片：“妈妈，您辛苦了，谢谢您，生日快乐！”妈妈感动地哭了，张磊为妈妈拿来了纸巾，搂着妈妈说：“妈妈，别哭，过生日的时候就要开开心心的，一会儿咱们一起做家务。”

“嗯。”妈妈噙着眼泪点点头。

现在的孩子从小就在全家人的宠爱中长大，往往容易变得以自我为中心。这时候，如果父母不对孩子进行感恩教育，时间长了，在孩子心里就会形成这样一种观点：自己接受多少都是应该的。这样的孩子长大以后，就会表现出缺乏爱心。“感恩教育”的缺失是多方面的，父母作为家庭教育的施行者也有一定的责任，现在的父母过多地注重孩子的学习，而不注重孩子的心理品质，孩子很有可能会因为父母的一味纵容而变得越来越任性。

那么，家长该如何对孩子进行感恩教育呢？

1. 对孩子不要事事包办

随着孩子年龄的增长，他有能力独立完成一件事情，也能参与到一些相对复杂的事情之中，这本来是一种很好的趋势。但在现实生活中，大多数父母对孩子保护太多，干预太多，为孩子打理了一切事务。这会让孩子渐渐习惯父母的包办，甚至觉得父母这样做是理所当然的。时间长了，孩子就很难感谢父母为自己所做的一切了。因此，对孩子的事情，父母不要大包大揽，可以试着让孩子独立去做一些力所能及的事情，一方面锻炼他的独立生活能力，另一方面教导孩子学会感恩。

2. 不要有求必应，更不要无求先应

面对孩子提出的要求，父母应该首先考虑是否合理，如果是不合理的就要坚决地拒绝，并告诉孩子理由。不要对孩子有求必应，而是应该让孩子自己去争取所需要的东西。当孩子通过自己的努力满足了需要的时候，他就会懂得珍惜，也明白了自己的生活来之不易。有的父母给孩子提供了很丰富的物质条件，久而久之，孩子会觉得这一切来得太容易了，甚至认为这是他本来就应该拥有的，不会感到珍惜。

3. 为孩子做好榜样

身教的力量远远大于言教，在孩子面前，父母要对自己的长辈表现出尊敬和孝顺，感谢父辈的养育之恩。家里有好吃的要先给老人，逢年过节要给老人送礼物，如果老人离得比较远，也要经常打电话。这时候，不仅仅让孩子看到父母对自己有爱，对长辈一样有爱。父母应该经常告诉孩子，要关心孝顺长辈。孩子虽然还小，但长期耳濡目染，也会在他那幼小的心灵里撒下感恩的种子。

4. 不要太多地谈论自己的辛苦

许多父母常常会在孩子面前说：“爸爸妈妈这么辛苦都是为了你啊！”从表面上看，这是父母希望通过诉苦这样的方式让孩子明白自己的付出，然而实际上，得到的效果却大大与他们的预期相反，这种诉苦容易给孩子造成心理负担，因为它暗示了“我付出这么多给你，你要偿还”。在这种教育方式下，孩子只会用“形式对形式”来感恩。因此，父母在向孩子灌输“感恩教育”、谈论自己的辛苦时，一定要适度，否则会使“感恩”变了味道。

第六章

教孩子无私，情商在分享中逐步锻炼

懂得分享，就不会成为一个自私的孩子

作为父母，我们都明白一个道理，孩子最终要走向社会，要在群体中生活。懂得与人分享，才能得到别人的信任、支持和尊重。因此，父母都希望自己的孩子学会与人分享，养成慷慨、谦让的美德。

分享，是指将自己喜爱的物品、美好的情感体验及劳动成果与他人共享的过程。“分享”意味着宽容的心，意味着协同能力、交往技巧与合作精神，这些都是孩子应具备的重要素质。人生在世，我们每个人都需要和别人分享。分享快乐、分享痛苦，这样对自己有好处的同时，对别人也有好处，也就是现在常说的“双赢”。

周末，妈妈带着小明去公园玩。看到公园里的一个小朋友正在玩遥控飞机，小明的脸上露出羡慕的神情。妈妈看见了，对小明说：“你也想玩吗？”小明点点头，说：“想玩。”“那你向那个小朋友借玩具玩一下吧。”妈妈对小明说。小明用疑惑的眼神看了看妈妈，摇了摇头说：“他又不认识我，怎么会把玩具借给我玩呢？”“你还没有向他借，怎么就知道他不借给你玩呢？”在妈妈的再三鼓励下，小明还是向那个孩子走了过去，一会儿，两个孩子就像是老朋友一样，在一起玩得很开心。

回家的路上，妈妈问小明：“我看到你刚才玩得很开心，那个和你一起玩的小朋友也很开心吗？”“他也很开心。”小明兴奋地回答。“他把自己的玩具给你玩，他怎么会开心呢？”妈妈又问小明。“因为如果他不跟我一起玩，他一个人玩也没人分享他的开心啊。”小明跟妈妈讲起了道理。“嗯，说得真好。当你有了新玩具的时候，你会不会给身边的小朋友玩呢？”妈妈顺势引导孩子。“会

的，我一个人玩不会这么开心的。”小明明白了道理。“是的，如果你能大方地把自己的玩具与朋友们分享，就像今天你和陌生的小朋友一起玩一样，那大家都会开心的。”妈妈鼓励了小明的想法。“我知道，就是有了快乐大家要一起分享，这样大家都快乐。”小明突然明白了。

没过几天，妈妈就看到小明拿着自己的玩具与小区里的小朋友一起玩，妈妈微笑地朝小明竖起了大拇指，小明看见了，调皮地向妈妈做了个鬼脸。

在日常生活中，许多孩子都有这样的特点：非常霸道，占有欲很强，喜欢一个人玩，在游戏中经常把许多玩具放在自己的周围，并常常对那些企图玩自己玩具的小朋友说“这些玩具都是我的！你不能玩！”，这样的孩子自然体会不到分享的快乐。其实，造成这样的情况，大多数都是与家庭环境和家庭教育有着极密切的关系。只要父母从这些根源出发，对症下药，就能让孩子体会到分享的快乐，继而学会分享。

虽说“小气”不算是什么大的缺点，但如果一个孩子什么都不愿意与他人分享，独占意识很强，他就很难与别人形成良好的人际关系，这对于孩子今后的发展也有着极为不利的影响。让孩子学会分享，首要任务就是要让孩子体会到他在与他人的分享中获得的快乐。久而久之，孩子就会主动与他人分享，也就养成了喜欢分享的良好行为习惯。在生活中，如何培养孩子懂得分享的能力呢？

1. 不娇不溺，家人共享

父母不要溺爱孩子，也不要让孩子“吃独食”，被娇惯着长大的孩子是不愿意与他人分享的。有的父母出于对孩子的爱，会把那些好吃的、好玩的全留给孩子，即使孩子想与父母分享，父母也会推辞，让孩子一个人独享。时间长了，逐渐强化了孩子的独享意识，孩子理所当然地把那些好吃的、好玩的占为已有。因此，父母千万不要娇惯和溺爱孩子，也不要以孩子为中心，甚至无限制、无条件地满足孩子的任何需求，应该让孩子学会感恩，学会把自己喜欢的东西拿出来与家人共享，让孩子体会到分享的快乐。

2. 不要对孩子特殊化

在平时的家庭生活中，父母要形成一种“公平”的态度，这对防止孩子滋长“独享”意识有积极的意义。父母要教导孩子既要看到自己也要想到别人，懂得人与人之间的相处是建立在平等的基础上的。让孩子明白好东西可以与大家一起分享，不能只顾自己而不顾别人。

3. 让孩子在分享中互利

许多孩子之所以不愿意与别人分享，是因为他觉得分享了就意味着失去，这时候，父母应该理解孩子这种不愿意失去的心情，慢慢引导，让孩子明白分享并不是失去而是一种互利，分享体现了自己的大度与关怀，别人也会回报自己，继而在分享中获得一种快乐。一旦孩子在分享中获得了互利与快乐，他就会乐于与别人分享自己的东西。

4. 鼓励孩子学会与他人分享

父母应该积极创造机会让孩子与其他小朋友一起玩，让孩子在与同龄孩子的游戏中变得大方，教孩子与人交往的技巧，帮助孩子养成关爱他人、谦让友好的行为习惯。另外，还要鼓励孩子与他人分享，当孩子表现出分享的行为时，父母应该给予及时的鼓励与赞赏，让孩子感受到分享的快乐，让孩子看到来自父母的肯定与认可。

乐于助人，培养孩子主动去帮人的好习惯

每个人的生活都是由与他人的相互交往所构成的。主动帮助别人，就是要求我们学会理解别人的处境、别人的情感和需要，并且随时准备去帮助别人，从行动上去关心别人，与他人建立和谐友好的人际关系。从小就培养孩子主动帮助别人的良好习惯，这对孩子未来具有高尚的品质以及健全人格有着极其重大的影响。被世界誉为拥有最聪明头脑的犹太人，他们就非常崇尚帮助别人的美德，而他们的小孩也从小就被灌输主动帮助别人的思想。

妈妈希望程程成为一个喜欢帮助别人的人，所以她在程程很小的时候就有意识地培养他乐于助人的习惯。一般情况下，程程在和妈妈上街之前都会在兜里装一些零钱，看到路边有人在乞讨，他就会走向前去把兜里的零钱分给他们。妈妈希望程程有同情他人的意识，因此，她总是鼓励程程这样的行为。程程坚持要自己亲手把钱给乞丐，直到兜里掏空了为止，偶尔他还会在妈妈的外衣口袋里掏到一些零钱。看到孩子想要帮助那么多人，妈妈感到非常欣慰。

有一天，程程还没有进家门，就嚷着："好饿啊！妈妈，有什么好吃的没有？"妈妈从厨房给程程拿来了面包和牛奶，程程狼吞虎咽地消灭了。妈妈很不解："中午没有去食堂吃饭吗？早上爸爸把钱给你没有？""早上爸爸给我钱了，他没有零钱，还给了十块呢。"程程喝了一口牛奶说道。"那怎么看你好像没有吃午饭？"妈妈好奇地问道。"我们班的鹏鹏生病了，可严重哩，同学们组织捐款，我就把钱交上去了。我觉得捐得比较少，明天我再捐点。"程程回答着，已经吃完了东西。妈妈拿来一个苹果递给他："嗯，行，就把你存钱罐里的钱整理一下，捐出去吧。"没等妈妈说完，程程就跑去找自己的存钱罐了。

在现实生活中，许多孩子都不善于理解别人，也没有主动去帮助别人的意识，这其实是家庭教育的缺失。大多数父母认为孩子还很小，自己尚且需要帮助，他根本没有能力去帮助别人。其实父母的理解有很大的偏差。孩子虽然在心智上还没有成熟，但是他们已经有了简单的动手能力，年龄稍微大一点的孩子完全可以独立去完成一件事情。因此，父母应该给孩子锻炼的机会，有意识地培养孩子乐于助人的良好习惯。

1. 让孩子成为家里的“小帮手”

一位妈妈的手受伤了，无法干家务活，而爸爸又外出了。于是，在家里的孩子通过询问妈妈的方式动手熬了稀饭。其实，家里的一些简单家务活是难不倒孩子的，不过父母需要注重教育方法，不要强行要求孩子去做，而是循循善诱，让孩子学会主动帮忙，成为家里的“小帮手”，继而肯定孩子的行为，这样孩子会认识到帮助别人的同时，自己也体会到了快乐。

2. 营造温馨的家庭环境

教育专家指出，如果孩子长期生活在一个温馨的家庭里，他就会乐于助人，更愿意为他人着想，也更容易同情别人。因此，父母应该积极为孩子营造温馨的家庭环境，经常鼓励孩子主动帮助别人，在这样一种家庭环境下，孩子是很容易主动去帮助别人的，因为他的心里充满了爱。

3. 父母要以身作则

要想教孩子主动去帮助别人，最关键的是父母要以身作则，为孩子做好榜样。在孩子面前，父母要尽可能地表现得体贴大度，常常主动帮助别人，不仅教导孩子主动帮助别人，还要把这样的观念渗透在言行中。如果父母只是教育孩子帮助别人，自己却言行不一致，那么孩子就会模仿父母的行为，教育也就失去了效果。

4. 鼓励孩子去完成一些任务

父母应该让孩子多参加公益活动，比如植树、除草，同时，鼓励孩子帮忙取信、拿报纸，让孩子在事情本身中感受乐趣。父母还可以鼓励孩子去做一些有益的事情，比如照顾小妹妹，或者帮助小弟弟制作玩具，这可以培养孩子主动帮助他人的品质。当然，有时候孩子并不是自发地去做这些事情，这时候就需要父母不断地鼓励孩子去完成一些任务。

培养孩子共情力，设身处地为别人着想

现如今生活条件不断提高，很多孩子受到父母和家中长辈的宠溺，习惯于独霸家里的资源，比如好吃的、好喝的、好玩的，时间长了，就很容易养成自私自利的习惯，以自我为中心，很少为他人着想。如此一来，在步入社会后，开始与同龄人接触和相处，必然会因为自私而导致与同龄人产生冲突。年幼的孩子会争抢各种食物和玩具，大一些的孩子会对同伴十分冷漠，无法做到与同伴友好相处。这一切，必然导致孩子在人际关系中陷入被动的局面，导致孩子的人际关系紧张。

要想帮助孩子提升社交情商，父母一定要教会孩子设身处地为他人着想，这样孩子才能学会分享，学会换位思考。对于孩子的社会交往而言，设身处地为他人着想的能力是非常重要的，能够帮助孩子理解和体谅他人，并有效改善与他人之间的关系。从心理学的角度而言，很多人都有述情障碍，具体表现为无法用语言表达自己的情绪，也无法有效理解他人的情绪。众所周知，沟通是人际交往的桥梁，如果存在述情障碍，则意味着人际沟通的渠道被阻断。这种情况，也会出现在孩子身上，而消除述情障碍的关键就在于，孩子要能够共情，即理解他人的情绪，也以自身的情绪与他人产生共鸣。

下课铃响了，老师刚刚宣布下课，小林就急急忙忙朝教室门口跑去，结果一不小心撞到了走在他前面的同学朱朱。朱朱很恼火，当场就生气地质问小林："你没长眼睛啊，这么撞我！"小林有些过意不去，对朱朱解释说："对不起，我着急上厕所。"没想到，朱朱依然不依不饶："非得把屎尿都憋成这样才上厕所，早干吗去了？真是猴急猴急的，老师就不该下课，让你继续憋着！"听到朱朱的话，小林也不由得生气起来，愤怒地说："你可真恶毒，下次就该轮到你拉裤子

了！”就这样，小林非但没有上厕所，反而与朱朱你一句我一句地吵起来，最后，还推推搡搡地动起手来。

看到这样的情形，其他同学赶紧把老师喊来，知道小林内急，老师让小林先去上厕所，回来再处理问题。得知事情的始末后，老师先是教育小林以后走路要小心，接着又问朱朱：“你受伤了吗？”朱朱摇摇头，老师说：“班级里这么多同学，偶尔有同学着急，不小心碰到是难免的，你应该学会设身处地为同学着想啊！如果是你内急，你是不是也会因为着急而出现碰到其他同学的情况呢？”朱朱不以为然地说：“我才不会这样呢。我会提前上厕所，不会等到憋不住的。”老师追问朱朱：“你能保证自己绝对不会出现这样的情况？”朱朱点点头。老师反问：“那么，如果你喝多了水，或者闹肚子呢？”朱朱显然没有预料到这样的情况，因而一时之间不知道该说什么。老师语重心长地对朱朱说：“每个人都会遇到危急情况，与人方便就是与己方便，不要总是揪着别人的错误不放，而要更加体谅别人，这样当你也遇到危急情况的时候，才不会抓瞎啊！”老师的话让朱朱陷入沉思。

的确，如今有很多孩子都缺乏共情能力，他们平日里接受父母的照顾，但是在父母生病之后，却依然对父母颐指气使，抱怨父母不能继续照顾自己。不得不说，这样的孩子是非常自私的，他们不能共情主要是因为自私，不能体谅他人。在这种情况下，父母要多多引导孩子，也要学会向孩子示弱，求助于孩子，这样才能有效地培养孩子理解和体贴他人，帮助孩子经营好人际关系。

要提升孩子的共情能力，除了要在生活中经常求助于孩子，索取孩子的帮助之外，父母还应该采取哪些方法呢？

1. 创设很多情境

父母多创造一些情境，让孩子假设自己是某种情境的主角，从而帮助孩子设想自己如果置身于某种情境会怎么想、怎么做。渐渐地，当以这种方式丰富了自身的感受，在发现他人处于类似的情境之中时，孩子就能够更好地为他人着想了。

2. 引导孩子多观察

引导孩子敏感地体察他人的情绪变化，对于提升孩子的共情能力也有好处。很多孩子并非不愿意为他人着想，只是不能敏感地捕捉他人的情绪，所以导致感觉迟钝，也忽视了他人的情绪和需求。如果父母引导孩子敏锐觉察他人的情绪变化，孩子在这个方面的表现就会有很大的进步。当孩子拥有共情能力，就会对他人的经历感同身受，也会更主动地帮助他人，安抚他人的情绪，这对于孩子理解和体谅他人，控制好自身情绪，以及卓有成效地帮助他人，都是大有裨益的。

在别人情绪低落时，学会主动安慰

常言道：人生不如意事十之八九。在现实生活中，几乎人人都有自己的烦恼，因为没有任何人的人生是绝对平顺的。很多父母都抱怨生存的压力太大，肩负着沉甸甸的担子，实际上，不仅成人觉得生存艰难，孩子也同样面临巨大的压力。为了不输在起跑线上，很多孩子都在父母的安排下参加各种补习班，与此同时，他们还要兼顾学校里的学习。

当然，孩子的生活中也并非只有学习这一项，很多时候，孩子也要面对方方面面的苦恼，诸如与朋友之间的小小争执，在比赛中没有取得好名次，或者是父母经常吵架，常常在一起玩的邻居小朋友要搬家等，这些事情都会在孩子的心中激起涟漪，也会给孩子带来很多困惑和烦恼。每当这时，孩子都需要安慰，也需要他人的支持和鼓励来度过艰难的人生阶段。

当然，凡事都是相互的，不仅孩子需要得到其他小朋友的安慰和鼓励，其他小朋友也同样需要安慰和鼓励。因而孩子不仅要敏锐地觉察到自身的情绪需求，也要意识到其他小朋友的情绪变化和心理状态的改变。唯有如此，孩子才能主动关心他人，也能给予他人恰到好处的安慰。当然，安慰他人的时候，孩子还需要注意一点，那就是安慰要讲究方式方法，也要把握合适的时机。否则，不合时宜的安慰只会让人感到难堪和尴尬。

一直以来，小叶都是个直脾气，说起话来总是直来直去，为此不知道无意中得罪了多少人。在一次考试中，小叶的同桌飞宇因为没有好好复习，成绩一落千丈，下降了很多个名次。飞宇生怕回家被爸爸妈妈骂，担忧不已。前后座位的同学都在安慰飞宇，有的说："飞宇，你就算成绩下滑了，也考得比我好。"有的说："飞宇，下次认真复习，名次马上就上来了。”还有的说：“飞宇，一次失败不代表什么，继续努力就好。”只有小叶直截了当地说：“飞宇，你考试不好就是活该，谁让我那天提醒你复习，你不以为然的。”飞宇狠狠地瞪了小叶一眼，没有接话。

小叶尽管说出了真相，也的确是为了飞宇好，想让飞宇吸取教训，但是他说话的方式却不得当。原本飞宇就因为没考好正在忧愁呢，小叶的话无异于火上浇油。

由此可见，安慰人是一个技术活儿，也是需要方式和方法的。

1. 设身处地为对方着想

安慰他人的时候，首先要设身处地为他人着想，一定要避免做出火上浇油的事情，以免加剧他人的痛苦。人非圣贤，孰能无过。现实生活中，每个人都会犯错误，最重要的不是逃避错误，而是在错误的基础上积极地思考，改正错误，让自己得到提升和进步。常言道：“会说，说得人笑；不会说，说得人跳。”在日常生活中，父母要多多提醒孩子注意讲话的方式方法，把话说到他人的心里去，也让他人心甘情愿接受劝诫，这才是与人交流的最高境界。

2. 父母要教孩子安慰人的技巧

安慰他人尽管是好事情，不会说话的孩子却会不小心在他人的伤口上撒盐，从而导致人际关系恶化。父母唯有教会孩子说话的技巧，让孩子掌握安慰他人的精髓，孩子才能把安慰的话说得恰到好处，从而与他人建立良好的关系。

“吾日三省吾身”，看清自身缺点才能积极改进

苏联大文豪高尔基说：“反省是一面莹澈的镜子，它可以照见心灵上的污点。”人需要自省，因为每个人都难免有着不足和缺点，通过自省能够让我们不断进步，日臻完善，也能够让我们在人生的长河中行驶在正确的航道上，不至于迷失方向。孩子更应该从小就养成自省的好习惯，尤其在6～12岁上小学这个阶段，开始接触到不同的人和事时，不能够什么时候都以自我为中心，觉得自己永远是对的，别人是错的。

强强马上就要上初中了。他人如其名，长得身强力壮，除了体能，他的“强”还体现在性格上，那就是非常强势，容不得别人跟自己有不同的意见。

从小学一入学到现在快毕业，用强强妈妈的话来说就是来告状的家长和孩子都快把家里的门槛踏破了。强强就是这样，总是容易惹是生非，出门不一会儿就和别人闹了矛盾，三句话不合，甚至会动手打人。妈妈多次告诫他，可他总是不听。挨了批评，还振振有词地为自己辩解说：“不是我的错，谁让他先惹我来着！”

爸爸总说强强就是被宠坏了。小时候，他在家说一不二。由于是独生子，家人都对他迁就忍让，所以他对“错误”二字是没有什么概念的。尽管随着年龄的增长，他的蛮横有所收敛，但是暴躁的脾气却总是无法改正。

新学期开始不久，强强又和同桌闹别扭。这次的起因很简单，因为强强的作业出现一道错题，在交作业前，强强要和同桌对答案，可是同桌不愿意。没办法，强强自己做完作业然后交上去，结果作业里出现了错题。老师罚强强把原题多做几遍，强强就觉得老师给了他难堪，而这一切的原因就是同桌没有帮他。因此，两个人吵了起来。

“爸，你跟我们老师说说，帮我换座位好不好？”因为强强的班主任是爸爸

的同学，强强想通过班主任的帮助来解决矛盾，顺便给同桌点“颜色”看看。

“为什么？”爸爸觉得很奇怪。“没什么，就是不喜欢和他坐在一起了。”强强顺口说道。

“要换座位总得有个理由吧，你不会又惹什么事了吧？”爸爸狐疑地看着强强，“你说说看，到底怎么了？你要是不老实说，我肯定不会帮你。”

没办法，强强只好和盘托出。爸爸听后严厉地批评了他。

“强强，明明是你的错，你为什么看不到呢？你这种做法很不好，遇事要多从自己身上找原因，你这样怎么行？一个不会反思自己的人是永远不会进步的！”

听了爸爸的话，强强心里还是很不服气，他气呼呼地想：“明明不是我的错。”

上述事例中的强强是一个典型的不服输也不服气的孩子，做事总以为自己是对的。就像强强爸爸所说的，遇事要多从自己身上找原因，要学会反思，这样才能找到自身存在的问题，及时改正，才可以不断进步。一个不会反思的人是不会成功的。曾子曰：“吾日三省吾身：为人谋而不忠乎？与朋友交而不信乎？传不习乎？”由此可见，即使是圣贤也会犯错，行事必须谨慎仔细，人非圣贤孰能无过，更何况是平常人呢？

一个人不断进步的根本原因，不在于他有多么聪明，而在于他能及时改正自己的错误和缺点，不断地完善自身，这样才越来越接近成功，才会在奋斗的道路上越走越远。“以人为镜，可以明得失。”一个人最好的写照就是自己，而自己的行为就是一个人品行的最真实写照。因此，要想更好地认识自己，就要从审视自己的行为开始。这种审视，就要抱着一种反思、检讨的态度，找出自己存在的问题，及时改正，才能不断进步，迈向成功。

作为家长，一定要培养孩子自我反省和自我检讨的意识，而真正要做好这个自己给自己“挑毛病”的工作却是很不容易的。这里有几点建议供各位家长参考，希望能对家长们有所帮助。

1. 教孩子敢于直面自己的行为

要让一个人对自己的所作所为进行反思，其实是很困难的。每个人都不愿意低头认错，孩子更是如此。要想反思检讨，就必须克服心理上的难关。家长要教孩子敢于直面自己的行为，要能够有检讨的勇气。这是一个战胜自我的过程，也是非常关键的步骤。只要孩子能够克服自己内心的障碍，做到坦然面对功过是非，那就是伟大的成功。

2. 教孩子反思要有恰当的方法

如果孩子做错了事，家长可以用两种办法来告诉孩子：第一种方法是直接告诉他这样做是错的，并且非常严厉地惩罚他，勒令他必须改正。第二种方法是委婉并且礼貌地告诉孩子这种行为是错的，让孩子自己意识到错误，然后进行思考，最后再做出选择。这两种方法，自然是第一种简单省事、方便易行，但是效果如何呢？

可能很多家长都有这样的经历：即使天天批评教育，可孩子还是我行我素、屡教不改。根本原因在于孩子没有意识到自己错误的本质，而且严厉的方式更容易激起孩子的逆反心理，这样孩子更不会静下心来反思自己了。因此，家长要采用恰当的方式。

比如孩子今天和别人打架了，家长可以采用讲故事的方法，把孩子亲历的事当作一个不相干的人发生的事，让孩子作为一个旁观者来判断是非，既采用了孩子喜闻乐见的方式，又很好地顾全了孩子的面子，更重要的是不会让孩子带着情绪来审视自己的行为，这样可以做出一个更加公正客观的评判。

方法很重要，因为它关系到孩子接受的态度。家长要注意方法，不要采用过激行为。

3. 检讨后要帮助孩子及时改正

让孩子不断反省、检讨，不仅仅是为了让孩子认错，更重要的是要找到孩子成长过程中存在的问题，并且能够及时改正这些问题，帮助孩子成为更好的自己。

所以说，家长的重点应该放在孩子是否改正了问题，以及是怎样改正的。

另外，家长还要提醒孩子注意：不管是检讨还是反思，都只是针对某种具体的行为，而不是针对孩子本身。因此，孩子应该对这种批评抱有正确的心态，要理解家长的出发点都是好的。孩子也应该从自己一次次犯的错误中找到问题的本质，积累成长的经验，这样才能让成长之路更加顺畅。

团结就是力量，鼓励孩子积极融入团队

无论是在家庭这个小集体里，还是在学校或者社会这个大集体里，父母都应该教孩子学会团结，学会从团结中获得力量。团结是一种巨大的力量，它让孩子学会如何处理与同学之间的关系，让孩子懂得以友好的态度去拥抱队员，更让孩子懂得如何与人相处。有的孩子在家里习惯以自我为中心，到了学校这个大集体里，就显得无所适从，与同学相处不好。游戏、活动、竞赛，他也因为种种原因而不参加。实际上，孩子的交往能力已经受到了阻碍，这时候父母应该让孩子明白，只有团结才能把事情做好，只有团结才能让集体充满温暖与快乐。

班里最近组织篮球队，个子较矮的小飞成了后卫，每天训练回来都兴高采烈地在爸爸妈妈面前夸耀班里的篮球队。可是，这两天小飞却愁眉苦脸，一点儿精神都没有。

“小飞，你们班的篮球队解散了吗？爸爸还想去看看你们的第一次球赛呢。”爸爸好奇地问道。小飞摇摇头，却不说话。妈妈特意打电话询问了老师，原来小飞在训练过程中与中锋田田发生了不愉快，这些天小飞正闹着要退出篮球队呢。

哦，原来这孩子与同学闹矛盾了，小脾气又上来了。

妈妈有了主意，趁着小飞放学的时候，妈妈去观看了班级的篮球训练。回家路上，妈妈假装无意地说：“看你们班的篮球训练还行，但隔壁那个班级看起来好像更厉害。”小飞不屑地看了妈妈一眼：“那是因为我还没有上训练场。”“可是，你一个人能敌过一个篮球队吗？篮球队就是一个团体，隔壁班前锋、中锋、后卫都配合得很好，因此，他们的总体实力看起来很强。”妈妈细心地分析，这话说到了小飞的痛处。妈妈也没有继续追问，而是直接指出问题：“小飞，妈妈

知道你可能觉得自己受了委屈，但是如果你能够团结整个球队，把个人的感情抛开，那么胜利一定是属于你们班的。”小飞没有言语，不过陷入了沉思。

第二天，小飞又开始了训练，劲头比以前更足了。妈妈和爸爸不断地给小飞打气，偶尔，妈妈也会去训练场观看他们训练，她感觉小飞与田田和好了，不时还会打打招呼。

过了一个月，小飞所在的篮球队迎来了第一场比赛，小飞的爸爸和妈妈都去现场观看了，经过一番激烈的比赛，小飞所在的篮球队赢得了小学队的冠军。庆功宴上，小飞亲热地搂着田田照了一张照片，并把这张照片放在自己的床前，原来两个小男孩早成了好朋友，妈妈则把这照片命名为“团结”。

教孩子学会团结，就是帮助孩子在团队里立足，最关键的是，让孩子除了学会表现自己，还需要有一颗成人之美的心，这样才能和谐处理团队成员之间的关系，这些都需要父母告诉孩子。在平时的生活中，父母要多给孩子一些锻炼的机会，让孩子学会体贴别人，宽容待人。父母应该让孩子知道每个人都是有自己个性的，对事情也各有不同的想法，而不是一味地要求别人与自己一样，让孩子懂得欣赏别人，学会肯定别人。

那么，如何教导孩子懂得团结的重要性呢？

1. 在家庭中渗透团结的意识

家庭也是一个小集体，如果父母参加类似家庭聚会这样的活动，不妨带着孩子去，不要因为孩子小而拒绝他参与大人的活动。比如，父母在外出游玩或拜访亲友时可以带上孩子，这会让孩子产生一种集体感，体会到与家人在一起的快乐。父母也可以邀请同龄的爸爸妈妈参加家庭聚会，通过参加各种家庭游戏，让孩子体会到团结的力量。

2. 鼓励孩子参加集体活动

在学校有许多课外活动，即使在假期也会有夏令营这样的活动，父母应该积极鼓励孩子多参加集体活动，让孩子在与同龄孩子的相处中，感受团结的幸福与快乐。如果孩子在相处过程中要了小脾气，脱离了集体，这也让他尝到了不团结相处所带来的失落感。父母不要太过于担心孩子，也不要制止他与同龄伙伴的来往。如果强行要求孩子待在家里，就会让孩子失去与他人相处的机会。

3. 引导孩子与同学和睦相处

在学校，每个班级都是一个集体，有时候，孩子会抱怨“某某同学不好相处”。这时候，父母要正面引导孩子，让孩子明白他所处的环境是一个集体，里面的每一位同学都是自己的队员，引导孩子与同学和睦相处，懂得团结同学，增强班级荣誉感。

4. 让孩子懂得欣赏他人

在班级中有许多优秀的同学，孩子会感到羡慕，甚至是嫉妒。因此，父母既要鼓励孩子勇敢地表现自己，同时，也要让孩子懂得欣赏他人的长处，学会肯定他人的优点。即便孩子与同学有了意见上的分歧，父母也要引导孩子懂得每个人的个性是不一样的，自然想法也就是不一样的，让孩子学会认可别人的意见与想法，宽容对待班级的每一位同学。

对于他人的帮助，懂得感激与回报

生活中，很多家长都没能教会孩子懂得感谢别人的友善和帮助。这主要有以下两种原因：第一种，孩子年龄小，很难自发地去懂得感激别人的友善和帮助。第二种，一些家长对孩子过于宠爱，对他们的要求总是尽量满足，导致孩子任性自大，以自我为中心，甚至觉得别人为自己做事是理所当然的，也就不会产生感激之情。长此以往，孩子很难明白感激的重要性，对于别人的友善和帮助很难表达出感激，这对他们的人际交往是很不利的。

大伟和小凯都是四年级的小学生，两个人既是同班同学，也是很要好的朋友，他们从小一起长大，经常在一块儿玩耍。

升入四年级之后，数学知识比以前复杂了，还有不少需要发挥想象力的几何知识，这可让数学基础不太扎实的大伟犯了难。因为很多知识他都没搞懂，所以课堂上经常听不懂老师在讲些什么，作业题也总有很多不会做，时间长了，他越来越跟不上大家的节奏，成绩落后了不少。

这些情况小凯都看在眼里，心里很为大伟着急。一有时间，小凯就会给大伟补习功课，耐心地给他讲解那些他不会做的题目，还做了不少模型来帮他理解几何知识。在小凯的帮助下，大伟的成绩有了显著的提高。大伟爸爸妈妈很是开心，还让大伟好好感谢小凯。大伟却觉得，朋友之间互相帮忙是应该的，用不着感激。

不久，大伟得了重感冒，请假在家里休息。小凯一放学就马上去大伟家看望他。大伟告诉小凯，自己担心数学会再因生病而落下，所以希望小凯能够每天抽点时间来家里为他补习。没想到，小凯听完却没有答应下来，他有些为难地告诉大伟，自己一向喜欢弹钢琴，妈妈最近为他请了一位家教，每天放学后都得上钢琴课，所以很难再来为大伟补习，希望他能理解。听到这话，大伟有些生气，他觉得身为朋友，在自己有困难的时候却不帮助自己，太不够意思，这种朋友不值得交往。他越想越气，忍不住对小凯发起脾气来，小凯沮丧地离开了。

大伟把这件事告诉了妈妈，并说对小凯很失望。没想到，妈妈听完后却很冷静，她对大伟说："孩子，依妈妈看，这件事小凯并没有错，错的是你。"

这让大伟大吃一惊，他问妈妈为什么这么说。

妈妈说："你想想，即使是最好的朋友，也没有帮助你的义务啊。人家肯帮你，那就是对你好。可是你呢，丝毫不懂得感谢人家。你看上次，小凯帮了你那么大的忙，你却什么都没有表示，连声谢谢都没说。这次，你有困难，可他自己也有难处啊。要体谅他，不能要求别人无条件为你做这做那。你要学会感激和体谅。"

听了妈妈的话，大伟不禁低下了头。是啊，他真的没有对小凯表达过自己的感激，却总是要求人家帮自己忙，甚至要求他改变自己的计划来迁就自己。大伟意识到自己的错误，并向小凯道了歉，两个人很快和好了，大伟也从这件事中知道了感激的重要性。

上述事例中，小凯虽然帮了大伟很大的忙，大伟却没有对此表示感谢，也没有对小凯表达过感激，还要求他为自己做更多的事，一旦不如意就发脾气。在妈妈的劝解下，大伟意识到自己的错误，与小凯和好如初，也由这件事意识到感激的重要性。

身为父母的，只有教孩子学会感激他人的友善和帮助，他们才能真正明白感激和帮助他人的意义，才能顺利地表达出自己的感激之意，才能与人和睦相处，逐渐成长为一个拥有感恩之心的好孩子。这对他们未来的发展来说也是很重要的。因此，家长在平时的生活中一定要培养孩子时刻拥有感谢他人之心，让他们学会感激别人的友善和帮助。以下是一些相关建议，家长可以参考借鉴。

1．让孩子明白别人的帮助并非义务

一些孩子之所以对别人的帮助无动于衷，没有感激之情，是因为他们以自我为中心，甚至觉得别人为自己做事、帮自己的忙是理所当然的，不需要感谢。对此，家长要告诉孩子，除了职责所在之外，别人帮自己的忙并非义务，是应该感激的。比如当同学为自己解答了题目，即使没什么实质性的表现，至少应该说一声“谢谢”来表达自己的感激。只有让孩子明白了这一点，他们才会知道别人帮助的可贵性，才会去感激别人的付出和帮助。

2．让孩子感谢别人对自己的帮助

想让孩子懂得感激别人的友善和帮助，家长自己要做好榜样。生活中，当接受了别人的帮助之后，家长要表示自己的感谢。尤其是孩子帮了自己的忙之后，更要感谢他们。比如孩子帮自己做了家务之后，要对他们表达谢意。这样做会让孩子明白，即使是家人帮了自己的忙，也应感激。由此他们就会明白感谢的意义和重要性，在生活中学会感激他人的付出和帮助。当然，家长也可以通过参与孩子的报恩活动来进一步教他们学会感谢之心。

3．让孩子明白及时帮忙也是一种感谢

除此之外，家长要让孩子明白，感谢并不仅仅是说声“谢谢”，待人友善并及时帮忙也是一种回报，也是感谢的一种表现。家长要让孩子学会，生活中接受了别人的帮助之后，不仅要及时表达谢意，也要学会以同样的友善和热心来回报。不管是谁遇到困难，都要及时出手相助，这是感谢的一种表现，也有助于人与人之间的交往和社会的发展。

4．提醒孩子不能仅为感激和回报而帮助他人

虽然懂得感谢和回报很重要，但家长同时要让孩子明白：不能为了得到别人的感激和回报才去帮助他们。家长要告诉孩子：待人友善、热心帮忙是对自己的要求，是应该做到的事，不应该抱有目的。不管那人有没有帮助过自己、会不会给自己感谢和回报，都要对他友善，他遇到困难时要及时相助。只有这样，孩子才能真正明白感恩的意义，才能成长为一个懂得感激和帮助他人的孩子。

第七章

挫折教育，情商高的孩子从不害怕失败

没有受过苦的人，不懂得什么叫幸福

“自古英雄多磨难”，纵观古今，但凡一些有所成就的人都经过百般磨炼。对于孩子来说，遭遇挫折不是坏事，这能真正激发出他们的内在品质。做父母的，用不着害怕、泄气和埋怨，只需对孩子说：爬起来，就是一种成功。

有一篇名为《狮子育儿法》的文章，讲的是“我”在一位韩国朋友家做客时，看到朋友的儿子不小心从楼梯上滚了下来，出于善意要去扶倒在地上的孩子，没想到却被朋友制止了，更令人感到疑惑的是，家里的保姆好像没看到似的，不闻不问，这真是让人匪夷所思。接下来那位朋友解释说，这是时下韩国最为流行的“狮子育儿法”。

所谓“狮子育儿法”就是像狮子那样养育孩子，引导孩子的身心向健康方向发展。

身为“森林之王”的狮子在激烈生存竞争中也是不敢大意。小狮子刚出生不久就会被父亲推下石崖，小狮子只能自己想办法从下面爬上来，而成年狮子就会站在一旁观察着小狮子的一举一动，只要小狮子没有生命危险，它们是绝对不会出手相助的。

崇尚“狮子育儿法”的韩国人认为，小孩也和小狮子一样，不可能一生都受到父母的呵护，总有一天要离开父母走向竞争激烈的社会，这就需要他们独自承受很多。

而我们中国的孩子是家里的心肝宝贝，全家人恨不得把天底下最好的东西都给他，生怕他受到一丁点儿的伤害。

中韩两国教育方式的不同，也促使我们思考，是否应该转变一下教育观念，也像狮子育儿那样教育我们的孩子，因为人只有在磨炼之后才会得到成长。

孩子的成长离不开磨炼，没有挨过饿的人，不懂得什么叫温饱；没有受过苦的人，不懂得什么叫幸福。

这些天，小文在为参加作文竞赛做准备，白天他在语文老师的辅导下积累作文素材，晚上回家还会看一些课外书，以此增加自己的新词汇。

到了作文竞赛那天，小文出门前意气风发地对妈妈说："妈妈，这次我肯定会是第一名。"妈妈不喜欢小文那骄傲的样子，不相信地问："你这么有把握？""那当然了，以前作文竞赛，哪次我不是拿第一啊，这次肯定不会例外。"小文信心满满地说。妈妈不忍心打击他的自信心，只好微笑着点点头。

晚上，小文回到家，有些沮丧地说："我觉得我这次没有发挥好，估计拿第一有点危险。"妈妈只是简单地安慰了他几句，就换了话题。

结果出来时，平时经常拿第一的小文只得了第三名。本来准备的庆功宴也只好改成"安慰宴"，小文感觉受了挫折，整个人都很沮丧。这次，妈妈并没有一个劲儿地安慰小文，而是抱着客观的态度分析。她先是指出了小文的骄傲心理，不过对于小文的努力，她还是给予了肯定和鼓励。对于妈妈指出的不足，小文虽然一时间难以接受，但想了半天，他还是觉得妈妈的话很有道理，自己的确太骄傲了。他决定改掉这个毛病，以虚心谨慎的态度迎接下一次的比赛。

现在的大多数孩子都是在万千宠爱中长大的，在他们身上很容易显现任性、脆弱、依赖性强、独立性差等特点。随着社会的进步、经济的发展，孩子们的生活条件越来越优越了，但是，他们在享受优越条件的同时，却像温室里的花朵，禁不起外界的风吹雨打。对于在这样的环境中成长的孩子，如果不进行适当的挫折教育，他们的性格会越来越脆弱，心理承受能力也会越来越差。这些问题值得引起每一位家长的重视。

挫折教育就是指家长有意识地创设一些困境，教孩子独立去对待、去克服，让孩子在困难环境中经受磨炼，摆脱困境，培养出迎难而上的坚强意志，以及吃苦耐劳的精神。

1. 对孩子要多肯定、多鼓励

当孩子遇到挫折时，父母应该及时地肯定、鼓励孩子，给予孩子安慰和必要的帮助，使孩子不至于感到孤立无援。这时候，父母不要用一些消极否定的语言来评价，“你真是太笨了，这么简单的事情都做不好”“做不好就不要再做了”等，这些话会强化孩子的自卑与挫败感，下次再面对挫折和困难时，他就更没有信心去应对了。父母可以采用一些积极肯定的评价，给孩子自信，使孩子意识到自己的努力是受到肯定和赞扬的，没有必要害怕失败，继而逐渐学会承受和应付各种困难与挫折。

2. 引导孩子正确对待挫折

小孩子对周围的人和事物的态度往往是不稳定的，他们容易受情绪等因素的影响。因而，他们在遇到困难与挫折的时候，也往往会产生消极情绪，不能正确地面对挫折。这时候，需要父母及时地告诉孩子“失败并不可怕，只要勇敢向前，一定能做好的”。

父母要有意识地让孩子把失败当作一次尝试的机会，鼓励孩子鼓起勇气再次尝试。同时，父母还应该教育孩子勇敢地面对挫折与困难，增强抗挫折的能力。

3. 把适当的任务交给孩子

父母可以把适当的任务交给孩子，让他自己来处理，并从困难中找到解决的办法。如果孩子面临沉重的压力，父母可以帮助孩子进行心理疏导，但绝不能大包大揽，让孩子觉得压力是与自己无关的。

4. 好孩子也需要适当的批评

批评和表扬一样，它们都应伴随着孩子的成长。有的父母怕孩子受委屈，即便孩子做错了事情，也从来不说孩子的不是，时间长了，就使孩子养成了只听得进表扬的话而不能接受批评的不良习惯。其实，父母应该让孩子认识到，每个人都是有缺点的，有的缺点可能是自己不知道的，但别人很容易发现，只有别人批评自己时，自己才知道错在哪里。这样让孩子明白，有了缺点并不可怕，只要勇于改正就是一个好孩子。

5. 挫折教育也需要顺应孩子的个性

任何教育都要考虑到孩子的心理特点以及个性特点，不同的孩子面对挫折教育会反映出不同的心理。因此，父母对孩子进行的挫折教育也需要因人而异。有的孩子自尊心比较强、爱面子，遇到挫折就很沮丧，对这样的孩子父母不要过多地批评，点到为止即可；有的孩子比较自卑，父母要多安慰、少指责，善于发现他们的闪光点。

另外，父母还要有意识地依据孩子的抗挫能力进行教育，有的孩子能力较强，父母只需适当启发，放手让孩子自己去解决问题；有的孩子能力较弱，父母可以帮忙制订计划，使孩子看到自己在不断地进步，继而逐渐养成克服困难和挫折的能力。

让孩子从小明白，赚钱不是一件容易的事

只有让孩子明白赚钱的不易、生活的艰辛，他们才懂得体恤家长的辛苦，进而养成不浪费、勤俭的好习惯。而让孩子最直接体会赚钱艰辛的方式，就是在现实生活中，让他不断体验如何去赚钱。

有一篇小学生写的作文里，提到了自己洗车的打工经历，很值得一看。

老师给我们布置了一项寒假作业：靠自己的劳动获取五元钱的酬劳。我还愁用什么方法挣这五元钱的时候，突然在父母聊天的内容中得知，因为快过春节的缘故，洗车的费用比平时贵了一倍，现在三十元。真是踏破铁鞋无觅处，得来全不费工夫。我当时就自告奋勇地说："爸爸，我洗车只收十元钱，价格公道吧？"爸爸用疑惑的目光看着我，但在我的几番攻势后，爸爸终于答应了我的要求。

我做事从不拖拉，马上找来了水桶、毛巾和手套，把湿毛巾拧干后，我就开始用力地擦着车门。一下，两下……为了让老爸这个客户能够满意，我使出浑身解数，认真地擦着每一个角落。但我越是卖力，车门就越擦越脏。站在一旁的老爸已经开始叹气了，我只好当什么也没发生过，继续卖力地擦着。

真是天公不作美，这时候，竟然下起雪来。不一会儿，我的头上、衣服上就落了不少雪花。雪水融化后打湿了我的衣服，慢慢地，外面的衣服冻成了硬纸壳，而内衣却被汗水浸湿。我这会儿懊恼极了，费了这么老半天劲儿，却连一扇车门还没擦完。想着想着，我忍不住后悔做这个决定，但无论如何，我不能做那种言而无信的事情，一定要坚持把这项工作做完。

雪花漫天飞舞着，转眼间，已经有一层薄薄的冰冻在了车身上。而我，还在手忙脚乱地擦着车门。

这时，爸爸再也忍不住，急忙叫停了这项工作……

虽然我没能把活儿做完，但爸爸还是支付了那十元钱的酬劳。当爸爸将钱放在我手中时，我的眼眶里饱含着热泪。我这时才发现：看起来简单的事情做起来并不简单，回报是建立在辛苦劳动的基础上的。

赚钱是要付出无数汗水的，孩子只有明白了赚钱的不容易，才能体会到生活的幸福，也就会倍加珍惜。家长在爱孩子的同时，不妨让孩子吃点苦，这样更加有利于孩子成长。

在欧美等一些发达国家和地区，家庭越是富裕，就越会培养孩子参与到一些家务中来，以此达到培养孩子独立做事的目的。

据调查发现，美国小孩每周有五小时的家务要做。实际上，让孩子参与家务劳动并不是浪费时间的事情，通过做家务的实践，孩子反而会从中学到很多经验。因为看似容易做的家务，实则包含了很多小细节。

美国的家长会在每年的四月利用一天闲暇的时间，带上孩子去自己工作的地方，让孩子看看自己辛苦工作的情景，以此来让孩子明白劳动的价值。

瑞士人提倡小学生“挣钱”体验生活。瑞士的小学里专门开设了一些打工赚钱的实践课程，以此让孩子在实践中体验到赚钱的不易。除此之外，学校还会定期组织模拟市场，让同学们从家长那儿“进货”，当然，这些“货”无非是一些吃吃喝喝的小玩意儿，然后孩子就把这些东西拿到学校的模拟市场来交易。露营、参观等活动的经费就是从孩子这些挣到的款项中获得的。等到节假日的时候，你就会看到瑞士的一些街道和集市上有很多中小学生在拿着自制的工艺品和小食品叫卖，大多数人都会支持学生这样的举动。这是勤工俭学，也是体验生活。瑞士的孩子从小就被父母灌输了这种自食其力的思想。

一家媒体曾经报道过这样一则事例，一个8岁的小男孩把自己在街头卖艺挣来的钱全部捐给山里的孩子。

男孩来自一个富裕的家庭，因为父亲要他体味生活的艰辛，他就到街上拉小提琴。当时已经是7月，天气非常热，男孩每天要一个人背着十几斤重的装备到街上表演，非常辛苦。男孩也曾经有好几次想打退堂鼓，可父亲每天陪着他出门，在距离十多米远的地方默默关注着他，为他鼓劲儿。没办法，他只好继续站在那儿拉小提琴。

一般人认为，“富二代”享受安逸的生活是天经地义的事情，因为人的本性就是追求安逸，贪图享受也在所难免，更何况是富家子弟。但这位父亲并没有因为家里的经济条件优越，就让孩子安逸、舒适地生活，而是让孩子体会生活的艰辛。这种举动值得我们每一位家长深思并效仿。

人活着是一个奇迹，在这个奇迹的背后是人们日复一日的辛勤劳动。钱是一分一分赚出来的，可以说，每一分钱都饱含着人们的汗水。

想让孩子将来能在社会上生存并有所作为，就不要把孩子天天泡在蜜罐里。要让孩子早日明白生存的艰难，挣钱的艰辛，只有这样，孩子才能用自己的双手创造幸福，做一个自强自立的人。那么，如何培养孩子正确的金钱观呢？

1. 引导孩子正确认识金钱

在经济高速发展的今天，许多孩子都认识到金钱的力量，嘴里毫不掩饰对金钱的喜爱，其实，这并不是一件坏事，也是一种社会进步的表现。但是，许多孩子对金钱的认识还很肤浅，这就需要父母引导孩子正确认识金钱，让孩子明白钱可以用来做些什么、钱是从哪里来的。

更为重要的是，让孩子明白金钱并不是万能的，钱对于我们来说是很重要的，但若比起亲情等更珍贵的东西来说，它是没有任何价值的。这样一来，可以逐渐让孩子树立起正确的金钱观，抑制拜金思想的滋生。

2. 培养孩子赚钱的意识和能力

在孩子面前，父母不要羞于谈赚钱之道，而是大方地与孩子分享自己的赚钱心得，并且试着在家里为孩子创造赚钱的机会。比方说，父母可以制订“做家务付报酬”的方案，让孩子在做完自己的事情之后，适当帮忙做一些家务，并依据劳动的强度来支付酬劳。这时候，报酬要支付得合理，让孩子明白自己所挣的钱与工作强度是成正比的。这个过程能够培养孩子赚钱的意识和能力，也让孩子更加珍惜来之不易的财富。

3. 让孩子学会理财

逢年过节，孩子都会有一笔数额不小的压岁钱，如何支配这笔财富呢？这就需要父母的正确引导。父母可以把其中的大部分作为“教育基金”，在银行为孩子成立小金库，孩子平时学习上的开销就从小金库里支出。若还有剩余的，则定期购买收益稳定的成长基金，做长远的理财投资计划，并把这方面的理财知识慢慢地告知孩子，让孩子享受理财投资带来的成功乐趣。

另外，父母还要让孩子学会管理自己的零花钱，培养孩子的金钱意识，教给孩子对金钱的支配能力。在这一过程中，父母对孩子的支出要进行监督和引导，让孩子学会记账，告诉孩子哪些花销是该花的，哪些花销是不该花的。作为父母，让孩子学会管理自己的零花钱，这也是对孩子理财教育的一部分。

4. 让孩子正视贫富的差距

许多人把高消费当成一种骄傲的资本，这样一种消费观念势必产生一种攀比之风。即便是读小学的孩子，他们也懂得谁家比较有钱，谁家没有钱，在这样的外界影响下，不少孩子没办法正视贫富之间的差距，总是认为“凭什么他们家就有钱，我们家就比较穷呢”。有时候，孩子也会在家里说某某同学又买了什么东西，话语间隐约透露出心理的不平衡。

遇到这样的情况，父母可以把家里的经济状况如实告诉孩子，让他正视社会的贫富差异，让他试着理解人们因为不同的分工，造成了有的人收入高一些，有的人收入低一些，但只要是自己通过劳动获得的报酬，就是光荣的。这样做可以让孩子逐渐摆脱金钱带来的困扰，能够正视自己的经济状况。

5. 培养孩子勤俭节约的习惯

有的孩子认为金钱是很容易得到的，因此，他们花钱总是大手大脚的。有的父母抱着“宁愿自己吃苦，也不愿苦了孩子”的心态，对孩子的不合理消费总是给予满足，其实这是害了孩子。节俭是一种美德，在对孩子的教育中，父母要把这样一种观念传递给孩子，让孩子明白钱是来之不易的，让孩子懂得节约，培养孩子勤俭节约的习惯。当然，在这方面父母也要做好榜样，合理支配家庭收入，孩子通过耳濡目染，就会逐渐形成勤俭节约的良好习惯。

适当施压，再把压力转化为动力

事实上，压力会伴随我们的一生，任何人都无法避免。人们常说：有压力才有动力。的确，一个活在没有压力的环境下的人，会变得颓废、消极、懒惰，因此很难有进步，这就好像没有落差的水一样，不会流动。

一个人承受压力的能力是有限的，当压力过大的时候，人的身心就会发生一系列的反应，甚至陷入非常糟糕的状态之中，影响正常的生活。尤其是孩子，身心都处于快速发展之中，承受压力的能力还很弱，但是命运并不因为孩子的弱小就特别偏爱孩子。那么，既然压力不能完全消除，如何才能与压力和谐共处呢？作为父母，要想提高孩子的情商，一定要从小给孩子适当地施压，然后再教会孩子如何把压力转化为动力，这样孩子在成长的道路上才能始终活力满满，斗志昂扬。把压力转化为动力之后，压力就不再是压力，尽管压力没有消除，却以动力形式出现，也许还会促进孩子的成长呢！

乐乐从四年级开始练字，到五年级上学期，书法老师建议他直接报名参加四级考试。对于老师的信任和鼓励，乐乐却感到巨大的压力。因为很多练字比乐乐更早的孩子，都只是从二级开始考，到现在也才考三级呢，乐乐完全不确定自己能否通过四级考试，也很害怕妈妈会失望。看到乐乐犹豫不决的样子，书法老师大力鼓励乐乐，并且让乐乐回家询问妈妈的意见。

妈妈在听到书法老师的建议后，当即表态让乐乐接受老师的安排，努力冲刺考四级。乐乐为难地说："但是，还有二十多天就要考级了，而我每周顶多练习两次书法。"妈妈语重心长地对乐乐说："没关系的，只要你尽力而为，不管结果如何，妈妈和爸爸都会支持你的。"

妈妈的话仿佛给乐乐吃了颗定心丸，他决定把压力转化为动力，努力练习，进行考级前的冲刺。经过七八次全力以赴的练习后，乐乐果然顺利通过考试。看着乐乐兴奋不已的样子，妈妈抓住时机鼓励乐乐："乐乐，你太棒了。你只要相信自己，就一定能够做到。"

事例中，在妈妈的鼓励下，乐乐仿佛吃了颗定心丸，因而不遗余力地激发出自己的所有能量，全力以赴准备等级考试。正是因为这样的坚决和勇气，再加上知道爸爸妈妈永远都支持自己，乐乐才会突破自我，取得成功。

每一份压力，都意味着一份动力。父母唯有坚持鼓励孩子，孩子才从父母那里得到力量，也才有勇气承受压力，把压力转化为动力，使人生变得与众不同。现代社会，每个人都承受着巨大的压力，父母一定要引导孩子与压力和谐共存，而不要觉得压力难以承受，对压力产生抵触和排斥心理。

人们常说："井无压力不出水，人无压力难成器。"的确，孩子需要父母的支持，如果父母寄予孩子一定的期望，给孩子适度的压力，孩子会感受到父母的关爱和鼓励，在建立自信心的同时，把它们内化为前进的动力，这对于挖掘孩子的潜力大有益处。

科学研究表明，人只有5%的潜能得到了开发、运用，剩下的潜能还有待开发。适当的压力能够调动孩子的积极性，让他们变得更自信，激发孩子无穷的潜能，锻炼他们的能力。

因此，家长们要适度地给孩子增加一些压力，按照成长的不同阶段进行调节，使孩子在张弛有度的环境中茁壮成长。

1. 父母要给孩子合理的期望

孩子的压力就是父母的期望值，压力的大小取决于孩子父母。如果期望值过高，不切实际，孩子的自信心受挫，开始怀疑自己、轻视自己，产生失望情绪，放弃努力，最后自暴自弃。如果期望值过低，对孩子不予理睬，孩子会放松心态，变得消极颓废，缺乏上进心，自甘落后。因此，家长要根据孩子的实际情况来确定自己的期望值，孩子稍加努力后就能实现的就是最好的期望值。

与此同时，有了恰当的期望之后，孩子需要一步步地实现它。俗话说“一口吃不成大胖子”，父母千万不要急于求成，要调整自己的心态，只有自己先平静起来，这样孩子才能够轻松。父母不要要求孩子一步到位，让孩子脚踏实地、一步一个脚印地往前走。

2. 施压的同时，给孩子相应的支持和鼓励

实际上，孩子的承受能力很多时候取决于家长的支持和鼓励。如果孩子的成长既没有压力也没有支持，他很难有什么出息。因为他没有足够的压力推动他前进，没有相应的支持鼓动他进步，他的潜力就发挥不出来。除此之外，孩子处于高压而又缺少支持的情况下，结果将会是一事无成的。假如孩子处于低压且支持巨大的情况下，结果也不是很乐观，孩子会变得沾沾自喜，好高骛远，很难获得成功。

孩子的成长需要压力，同时也需要父母的支持。适当的压力与支持，可以让孩子在前进的过程中有勇气、有信心地接受挑战、战胜困难。对孩子的支持不一定表现在具体某件事情上，而是用恰当的方式让孩子感受到父母的关爱，例如，温和的语气、身体的接触，向孩子传达关心，缓解孩子的压力，帮助其建立自信等。

3. 父母一定要明白：施加压力不是虐待心灵

父母给予孩子适当的压力是正确的，但是这和虐待孩子是两码事。在我们周围经常发现，父母为了让孩子进步，采用讽刺、挖苦、嘲笑、威胁，甚至恐吓的方式，事实上这是对孩子幼小心灵的摧残，这种做法会给孩子的心理造成巨大创伤，孩子时时刻刻处在对自己的否定当中，觉得自己一无是处，久而久之，性格会变得自卑、内向、焦虑、压抑，心灵会发生扭曲。这样别提什么提高学习成绩了，就连基本的身心健康都得不到保证。

因此，父母应该给孩子足够的爱和尊重，关心孩子，理解孩子，以平和的心态、温和的语气与孩子相处，和孩子交朋友，一同分享欢乐，分担痛苦。这样孩子的表现会大不相同。

其实，压力就像空气，没有人能在真空中存活，所以说人的一生不可能没有压力。的确，曲折的人生道路，入学、升学、就业、升迁，孩子成长的每一个足迹都是压力催生的产物。没有压力，人的一生就会平淡无奇。生命原本是丰富多彩的，任何人都不愿意自己的生活一成不变。因此，父母要让孩子懂得：在尽情享受成功的喜悦时，应当感谢当初令人头疼不已的压力；在品尝一帆风顺的快乐时，也要欣然接受压力带来的痛苦和磨炼。

孩子不能娇生惯养，从小要有勤俭的习惯

凯恩斯是古典经济学家，他曾提出这样一个经济观点：消费水平的变化是受绝对收入水平的变动影响的。他认为，消费是可逆转的。对这一观点，杜森贝里持否定态度，他认为根本不可能理性地计划消费行为，消费习惯决定了消费行为。而消费习惯受到了很多因素的制约，比如生理、社会、个人等诸多方面的需要。尤其是个人收入水平达到最高峰时的消费标准对消费习惯的形成有着重要的影响。由于消费习惯的形成，消费标准是不可逆转的，向上调整容易，向下调整难。尤其在短期内不可改变。这种习惯效应，被称为“棘轮效应”。消费水平一旦上去了，就很难降回到原位，这就好比“棘轮”的原理一样，只进不退。

事实上，使消费取决于相对收入只是一个理想的状态。消费者增加消费容易，减少消费很难。就像一向吃惯山珍海味的人，一下子改成粗茶淡饭，多半不会适应。而且消费习惯持续的时间长、影响大。因此，当收入降低时，人们一般不会立即降低消费水平，而会继续保持原来的消费水平。

“棘轮效应”可以用我国宋代文学家司马光的一句话来概括：“由俭入奢易，由奢入俭难。”这句话出自《训俭示康》，除此之外，他还特别强调：“俭，德之共也；侈，恶之大也。”意在告诫儿子不能贪图享受之风，应将俭朴的家风继续保持下去。

人们常说：“富不过三代。”的确，如果过度放纵自己的欲望，从不培养自己俭朴的生活作风，这样的悲剧必然发生。虽然我们不能将欲望禁止，但可以对其控制。因此，一旦变得贪得无厌，就会彻底滑向罪恶的深渊。

与此同时，我们在教育下一代时，有必要将勤俭节约的好习惯让孩子传承下来，即便让孩子“吃苦”也不怕。同时，应该让孩子懂得“由俭入奢易，由奢入

俭难”的道理，引导孩子把有限的精力集中到学习上，而不是在追求物质享受上，培养孩子坚强的意志和美好的品德。父母要让孩子知道，人生的成功，不是靠吃穿用度，而是靠真才实学达成的。如果孩子过早地贪图享乐，没有尝试过艰难困苦，这等于是把他们的一生都毁了。

晓东的爸爸和妈妈都是不喜欢浪费的人，在晓东很小的时候，他们就有意识地培养孩子勤俭节约的习惯。

晓东会背的第一首古诗就是《锄禾》：“锄禾日当午，汗滴禾下土。谁知盘中餐，粒粒皆辛苦。”为了让晓东很好地理解这首诗的意思，妈妈专程带着晓东回了老家，观看了农民伯伯播种、收获的过程，让晓东明白了粮食的来之不易。从老家回来之后，晓东每顿饭都吃得干干净净，绝不浪费一粒粮食。

妈妈买了不少玩具给晓东，可是大多数都被晓东摔坏了。爸爸这时候索性当起修理工，把有的坏玩具拼凑起来，有的则再次组装成新的玩具。每一次修玩具，爸爸都让晓东参与其中。在这个过程中，晓东渐渐地沉浸在重新组装玩具的乐趣中，这让他明白了，很多东西在用坏之后还可以继续使用。

在三年级的时候，班上组织了一次活动，同学们纷纷拿出自己制作的飞机模型或者小汽车模型。在作品展览中，晓东的飞机模型尤为独特。老师请晓东为大家讲解一下，晓东骄傲地站起来说：“这是我和爸爸一起制作的飞机模型，所使用的部件是从不同的玩具中找出来的，因为家里很多玩具都坏了，但有的零件还是可以使用的，我和爸爸就重复使用了一次。”老师首先夸奖了晓东的创新能力，还赞扬晓东是个勤俭节约的好孩子。这时候，晓东心里可乐开了花，他觉得“浪费是可耻的，节约才是可贵的”。

随着人们的消费意识逐渐提高，孩子的消费水平在不断地上涨，没有限制的攀比浪费现象层出不穷。父母的过分宠爱对孩子的身心发展会产生消极影响，尤其是助长了孩子攀比浪费的不良习惯，使得孩子勤俭节约的意识薄弱。因此，许多孩子都存在不珍惜劳动成果、不爱护公物、铺张浪费等不良行为。这种现象必须引起每一位父母的重视。

作为父母应该明白，即使生活富裕了也不能丢了勤俭节约的美好传统。爱默生曾经说：“节俭是你一生中食用不完的美丽宴席。”但在我们身边，有着太多这样的声音：“这个玩具太旧了，我要把它扔掉！”“我要买汽车、遥控飞机，要买很多很多玩具！”“我觉得衣服太少了，我要买很多很多新衣服！”孩子虽然还很小，但花钱如流水的习惯已经养成了。实际上，问题并不在于有没有钱给孩子花，而是要让孩子懂得钱来得不容易，应该“用在刀刃上”，而不是过度地挥霍，否则只会培养成败家子。那么，如何培养孩子勤俭节约的习惯呢？

1. 培养孩子勤俭节约的意识

父母可以通过讲一些故事教育和引导孩子从小就要勤俭节约，不爱慕虚荣。在家里经济条件许可的情况下，吃得好一点、穿得好一点是可以的，生活和学习的环境舒适一点也是可以的，但不能忘记了勤俭节约。父母要教孩子量入为出，给孩子讲勤俭持家的道理，使孩子懂得一粒米、一滴水都是辛勤劳动而来的，衣食住行的费用也是父母工作挣来的。培养孩子勤俭节约的意识，也是塑造良好品德的开端。

2. 言传身教，父母要做好榜样

要想孩子养成勤俭节约的习惯，父母自身就要勤俭节约。喜欢模仿是孩子的特点，孩子的许多行为都是从模仿开始的。父母的一言一行、一举一动都对孩子性格、品德的发展和形成有着潜移默化的作用。父母在平时的生活中要勤俭节约，为孩子做好榜样，比如随手关灯、不浪费自来水、爱惜粮食，等等，以自己良好的行为举止做表率，去感染孩子，使孩子真正地养成勤俭节约的良好行为习惯。

3. 让孩子体验劳动

父母可以引导孩子进行一些力所能及的劳动，通过劳动来收获来之不易的果实。比如在农忙的时候，父母可以带着孩子一起去拾稻穗，使他们理解什么是“谁知盘中餐，粒粒皆辛苦”，继而培养孩子热爱劳动、勤俭节约的习惯。另外，父母可以让孩子卖废品，卖掉的钱可以存起来，然后捐助给贫穷的孩子；引导孩子重复利用那些使用过的东西，比如用易拉罐做一个花篮，这样既让孩子体验劳动，也可以培养孩子勤俭节约的习惯。

4. 引导孩子合理利用金钱

父母一般都会给孩子零花钱，但是，给孩子零花钱要有计划并适当地限制金额，不要有求必应。应该依据孩子的年龄、实际用途和支配能力来给予。另外，引导孩子学会记账，设计一本“零花钱记录本”，将自己零花钱的去处进行记录，父母还可以与孩子一起讨论，哪些钱是该花的，哪些钱是没有必要花的，让孩子们明白“钱要花在刀刃上”。

困难面前，教导孩子露出灿烂的微笑

每个人一生中，都会遭遇到很多困难。能否始终保持微笑地面对困难，就在于你所遭遇困难的次数。经历的事情越多，你往往就会越成熟，更加懂得处理和解决问题的办法。多吃点苦，我们才能在面对困难时，充满迎难而上的勇气。别害怕挑战与难题，因为难题越多，我们越能找出解决方法；更别担心困境，只要我们有突破困境的信心，再险恶的境地我们都能安然度过。

孩子因为面对困难的次数少，因此很多情况下当困难来临，他们不知如何应对；当困难“袭击”了他们，他们也只能痛苦地倒地或者赶快逃避。这时，父母就应该起到教导作用，告诉孩子：困难并不可怕，只要你有信心，再难的事情，也能迎刃而解。

放学路上，刘辉的心情很沉重，他克制着，不想让自己的眼泪落下来。可是，刚才那一幕情景就像录像一样不断在他的眼前回放：

上课铃响了，老师笑吟吟地走进教室，对下面的同学说：“这节班会课是竞选班干部……”话还没说完，大家就叽叽喳喳地议论起来。刘辉虽然没有说话，但心里却像吃了定心丸，心想：“凭我当了几学期中队长的资历，再加上上学期又是三好学生，这中队长我是当定了。”刘辉静静地坐着，听着几位毛遂自荐的同学的发言，不禁有点儿羡慕他们的勇气。突然，他听到老师点了自己的名字，于是赶忙站起来，支支吾吾地说：“我决心……继续当中队长。”老师听完，不由得笑了笑。刘辉正在得意，谁知同班男生王伟也霍地一下站起来，神情激动地说：“我也想竞争中队长。”老师挥了挥手说：“下面给你们两个15分钟时间，说一说搞好中队工作的设想，然后再进行投票选举。”结果，王伟以绝对优势的票数当选了中队长，在一片热烈的掌声中，刘辉苦着脸勉强拍了几下手。

放学路上，妈妈拍着刘辉的肩膀说："今天咱们小辉真勇敢，可以表达出自己想当班干部的想法了。"原来她已经在老师那里知道了事情的经过，不料这一句话说到了刘辉的伤心处，他好容易才忍住要掉下来的眼泪。妈妈又说道："小小男子汉，不应该哭鼻子。想想看，上次你当选了中队长，其他同学有没有像你一样泄气？"刘辉想了想，摇摇头。妈妈又说道："就是啊，可能上次王伟同学也想当中队长呢，但他并没有泄气，反而继续努力，赢得了同学和老师的支持，你也要继续努力学习，积极配合王伟同学的工作，做一名合格的少先队员。"看到刘辉不吭声，妈妈又说道："这次你没有被选中，那肯定是你身上有了不足的地方，你现在需要做的是检查自己身上有哪些不足，然后积极改正，在下一次竞选中拿出自己绝对的优势，好吗？"刘辉用力地点点头。

如果孩子养成了凡事喜欢依赖父母的习惯，那么当孩子准备进行一项活动的时候，就经常会听到孩子在尝试之前就泄气地说："我不会。"他们在遇到困难时就灰心丧气，有的孩子还会选择逃避。时间长了，他们就成了畏惧困难的孩子。

面对这样的情况，父母也很着急，但不知道该怎么办，有的父母直接帮助孩子解决困难，他们以为这就是对孩子好。其实，当孩子遇到困难的时候，需要的是战胜困难的能力，而不需要父母的大包大揽。因为在他们成长的过程中，随时都会遇到困难，总有一天需要孩子独自去面对困难、战胜困难。因此，父母应该有意识地培养孩子战胜困难的能力。

1. 引导孩子正确评价自我

每个孩子都有自己的长处和短处，父母应该给予客观正确的评价。如果你只看到孩子的长处，孩子就会在赞赏的目光中骄傲自满，对自身的不足缺乏认识，不能接受失败；如果父母对孩子充满了过高的期望，会增加孩子的压力，伤害孩子的自尊。这样一来，孩子会变得不能正确评价自己，并因此缺乏足够的自信。

时间长了，他们会选择逃避困难。

因此，父母应该引导孩子正确评价自己，让孩子对自己实现目标的过程中可能遇到的困难有所预测。这样，孩子对战胜困难就有一定的心理准备了。

2. 学会适度放手，让他去做自己能做的事情

有的父母对孩子过分溺爱，事事包办，这样会让孩子养成娇弱的性格特点，以至于遇到困难就不知道怎么办了。因此，父母应该放弃大包大揽的做法，学会适度放手，让孩子独立去完成自己能做的事情。

比如，孩子在学习上遇到了困难，父母应该鼓励他们自己去思考、解决问题，让孩子在生活中逐渐学会独立面对一些问题，包括人生路上的挫折和困难。

3. 给孩子树立榜样，培养孩子战胜困难的信心

心理学研究表明，父母的榜样对孩子行为的形成和改变有着显著的影响。如果父母给孩子树立了不畏困难、战胜困难的榜样，就有助于增强孩子面对困难和挫折的信心，让孩子明白世界上并没有唾手可得的成功，而是需要不断地战胜困难，才能获得最后的成功。

在平时的生活中，父母可以给孩子讲述一些名人战胜困难的故事，让孩子以这些名人为榜样，培养其战胜困难的能力。当然，孩子最好的、最直接的榜样就是父母，“身教胜于言教”，父母对待困难的态度和行为会潜移默化地影响孩子的态度和行为。

4. 适当批评，培养孩子战胜困难的能力

父母在与孩子一起玩游戏的过程中，总是喜欢让着孩子，让孩子取得胜利，结果却让孩子养成争强好胜、自以为是的心态，一旦遭遇了困难，就会丧失信心。因此，父母需要对孩子进行适当的批评，指出孩子身上存在的缺点和不足之处，偶尔也让孩子尝尝失败的滋味，让孩子学会自我调节。

5. 鼓励孩子战胜困难，培养孩子战胜困难的勇气

有的孩子在遭遇困难的时候就产生消极情绪，他们往往会垂头丧气，甚至选择逃避的方式。其实，要想孩子能够独立战胜困难，就要培养孩子面对困难的勇气。

当孩子在面对困难的时候，父母可以引导孩子正确面对、勇敢面对，向困难发起挑战。当孩子害怕去做一件事情的时候，父母应该鼓励孩子："别怕，你一定能行的！"不断地给孩子打气，培养孩子战胜困难的勇气。

第八章

独立自主，高情商在于从不依赖

父母的溺爱，会造成孩子肆意妄为

如今，由于生活条件越来越好，加之大多数家庭只有一两个孩子，父母对孩子就更加宠爱。孩子要星星给星星，要月亮摘月亮，可以说是百依百顺。但是如果父母长期如此溺爱孩子，孩子很容易迷失自我，变得肆意妄为，不服管教。

孩子各种肆意妄为的行为，多半是父母造成的。有些父母对孩子过于娇惯，觉得只要孩子高兴，就遂他们的心愿，反正现在孩子还小，说什么他们也不理解，等以后长大成人自然会明白道理。

可是，父母越是这样对待孩子，孩子反而越发变本加厉、肆意妄为。如果某件事情没有满足他们的心愿，孩子就会毫无顾忌地大哭大叫，甚至满地打滚。当父母看到孩子哭得小脸通红，上气不接下气，便于心不忍，安慰孩子道："好了好了，妈妈听你的。"只要孩子有一次得逞，认为哭闹是奏效的，在之后的日子里，他们为达到自己的目的，便会让这种方法发挥出巨大作用，于是他们肆意妄为的行为不但没有改掉，反而愈演愈烈。

青青今年6岁了，天真活泼，却也极为任性，想做什么就做什么，完全不听父母的话，这让父母头疼不已。其实青青两岁的时候十分乖巧听话，她的父母和爷爷奶奶担心她长大后太老实，被人欺负，于是决定采用放任政策养育她。只要是她想吃的东西，父母就给她买来；想去哪里玩，就由爷爷奶奶带着去；喜欢什么玩具，就给她买什么玩具。但是这些做法慢慢地助长了青青的威风，她只要稍感不如意，就又哭又闹，满地打滚。

有一天，青青想出去玩，但外边正下着大雨，父母不同意，青青就又哭又闹起来。最后，妈妈担心她哭坏了身体，只好打着雨伞穿着雨衣把她带了出去。青青尝到了哭闹的甜头，之后更是为所欲为。还有一次，她跟妈妈到超市买东西，妈妈临出门的时候告诉她说：“一会儿家里要来客人，我们到超市买些蔬菜水果就回来，不能玩太长时间。”青青刚开始答应了，可是一到超市看到柜台上摆着的玩具，就欢快地跑过去摆弄起来，早把妈妈的话抛到一边了。

妈妈陪她玩了一会儿，一看时间快到了，就赶快劝说：“青青，我们先去买菜，等下午有时间了妈妈再带你来看玩具，好吗？”青青很生气，小脸一下子拉了下来，说道：“不要，不要，我就要在这里看这些洋娃娃。”妈妈再次劝说还是不管用，就想将青青拉走。青青被激怒，她先是大哭，一边哭一边打妈妈，嘴里还喊着：“妈妈坏，不喜欢妈妈，妈妈走开！”见妈妈要抱起她，她更加肆意妄为，居然躺到地上打起滚来。

没一会儿，旁边就围了好多人，他们都劝说：“孩子赶快起来吧，地上凉。”可不管别人怎么说，青青就是不理睬。这时，人群中有人议论道：“哎呀，这孩子怎么能这样，太任性了，她妈妈都管不了她。”青青的妈妈听到后，觉得很尴尬。

当父母对孩子的任性感到头疼不已的时候，很可能不是想寻找一种方式去改变孩子，而是不断压抑自己的情绪，并安慰自己道：“没关系，这说明孩子懂得坚持自我。”当然，每个孩子都有自己独一无二的个性，这是无可厚非的，而且他们有毅力能坚持也是不错的品质。但父母依然要弄清楚，坚持自我与肆意妄为之间的区别。

所谓坚持自我就是坚持自己的想法，即使遇到再大的阻碍和困难也依然不放弃，这是一种顽强拼搏的精神，对人一生的成长十分有帮助。可肆意妄为是什么呢？那是一种偏执，不管自己做的事情是对是错，都要倔强地往前走，不听别人劝告，也不受任何人约束，是一种缺乏自制力的表现，这样的人一旦走入社会，会栽跟头吃大亏。

显而易见，每位父母都希望孩子成为前者，即坚持自我。既然如此，当孩子任性的时候，父母一定要及时给予关注，父母可以尝试用以下方式对待孩子。

1. 当父母遇到孩子不服管教的时候，一定要意识到事情的严重性

如果管教及时并得当，可以确保接下来事情的顺利进行；如果任凭孩子肆意妄为，不但会影响孩子的心情，也会导致所有人情绪低落。尽管孩子是家中的宝贝，父母也要及时告诫他们这么做是错误的，并狠下心来让他们接受应有的惩罚。

2. 孩子发脾气时，不要急着去安慰

当孩子因为某种愿望没有达成，大发脾气、哭闹不止时，父母先不要着急去安慰他们，也不要表现出自己的怜悯之心，让他们觉得有商量的余地。父母首先要做的事情是保持沉默，以冷漠的态度对待他们，也可以暂时回避他们，让孩子知道哭闹是丝毫没有用的。

3. 孩子肆意妄为往往是为了得到一种满足感

聪明的父母应该做的是合理满足孩子的需求。当然，要想合理满足孩子的要求，先要弄清楚孩子的要求是不是合理，再视情况行事。例如孩子一天没有见到父母，想和父母拥抱一下，让父母给他讲个故事，这种要求是合理的。如果等孩子发脾气，又哭又闹的时候，父母才答应他的要求，这样做于事无补，反而助长他们的任性。满足孩子的要求要讲究方法，对其不合理的要求一定要坚持原则，绝对不能妥协。

4. 孩子任性时，借助周围事物转移他的注意力

当孩子哭闹任性时，也可以借助周围的事物转移他的注意力，例如让他看一件有意思的玩具，或是对电视节目故意装作惊讶吸引孩子的注意力，孩子的关注点转移到其他地方，自然会忘记刚才发生的事情。当然这种方式适用于年龄小的孩子，年龄大的则不容易被吸引。

任何行为的改变都需要有一个过程，父母切莫着急，只要细心引导并给予合理教育，孩子就会逐渐改掉肆意妄为的不良行为习惯。

不能独立思考的孩子，没有独立性

独立思考是积极主动的思考，而且还具备新颖性、创新性的特点，这应该是每一个孩子必备的能力。在6～12岁，上小学的阶段，那些不能独立思考的孩子，就没有独立性。无论学习还是人际交往中，都会很吃亏。有的父母不想让孩子吃苦，任何事情都包办代替，不鼓励孩子去独立思考，最终导致孩子离不开父母，其独立思考能力也很差，时间长了，孩子还会形成性格脆弱的特点。其实，这样的父母应该好好反思。

作为父母，要培养孩子独立思考的习惯，让孩子在独立思考中获取答案，并培养其明辨是非的能力。

孩子拥有一定独立思考的能力是其思维发展的重要特征，一些孩子经常会无助地说“爸爸，我不知道怎么说”“妈妈，你说我该怎么办”“爸爸，你去替我做嘛”，在遇到困难的时候，本能地想依靠父母的帮助，帮助他们思考，帮助他们做判断。其实，父母完全可以通过日常生活中的具体问题，给孩子提供一个。

如如和苏苏是姐妹，如如大苏苏5岁。在如如小时候，家里的经济条件不是很好，父母平时忙于工作，很多家务活儿都是如如自己做。

如如5岁那年，家里迎来了第二个孩子：苏苏。在苏苏出生不久，父母的工作也逐渐走上了正轨，有了更多的时间照顾孩子。因此，不但父母视苏苏为掌上明珠，如如也很疼爱这个可爱的小妹妹。在父母和姐姐的精心呵护下，从幼儿园到小学毕业，她都过着无忧无虑的生活。

时光飞逝，转眼间苏苏已经小学毕业，准备升入初中了。在家长看来，苏苏从小聪明伶俐，而且小学时成绩也不错，上初中也会很优秀的。而且姐姐如如的成绩一直很好，如果苏苏在学习上遇到什么困难，也可以找姐姐给她辅导功课。

可是苏苏上了初中以后，成绩却并不理想，而且在与同学相处以及解决事情等方面，都显得很不成熟。在一次家长会上，苏苏的班主任和苏苏的家长进行了一次谈话。

班主任说："苏苏呀，很聪明，也很活泼可爱。可是在很多方面，这孩子好像不会独立思考和处理事情。比如苏苏上课时发现忘记了带书，不会想着回家取书，或者向同学借书学习，而是什么都不做，坐在位子上。如果不是老师及时发现，帮苏苏从办公室借了一本书，苏苏可能整节课都听不好。"

爸爸说："我们家苏苏在家里是妹妹，上面有一个姐姐。平时，我和苏苏的妈妈还有她姐姐都很照顾她，遇到事情一家人帮她解决问题。我以前认为孩子大了，接触的事情多了自然能学会独立思考，学会寻找解决问题的办法。可是从孩子现在的表现来看，这种想法是错误的。"

班主任说："是啊，孩子在养成独立思考和解决问题的能力过程中需要家长的帮助。"

回到家后，爸爸仔细回想了一下这些年对苏苏的教育，确实没有好好鼓励苏苏独立思考，主动寻找解决问题的方法，看来确实要改变一下对苏苏的教育了。

从上述事例中不难看出，如如和苏苏小时候的成长环境不同。如如小时候，家里的条件比较艰苦，并且得到父母照顾的时间也比较少，所以她的自立能力更强，独立思考的能力也更突出。而妹妹苏苏，由于得到全家人的精心呵护，变得依赖性比较强。

在现代社会中，很多家长都将孩子视为自己的心肝宝贝。有的家长甚至想着能帮孩子解决生活和学习中的一切困难，让孩子的生活一帆风顺、事事如意。殊不知，"授人以鱼不如授人以渔"，家长与其帮助孩子解决问题，不如帮助孩子培养独立思考、解决问题的能力。这样不仅可以培养孩子的独立意识，而且可以让孩子在以后的人生中过得更加顺利。

一个独立的人，应该有独立的思想、独立的人格和独立生活的能力。但独立思考能力可以理解成孩子用自己的价值观来判别一定事物的能力。

思考就像播种一样，播种越勤，收获也就越丰。一个善于独立思考的孩子一定能品尝到清甜的果实，享受到丰收的喜悦。爱因斯坦说过：“学会独立思考和独立判断比获得知识更重要。”他还说：“不下决心培养思考习惯的人，便失去了生活的最大乐趣。”父母要有意识地培养孩子独立思考的习惯，慢慢引导孩子主动去发现问题，继而独立思考问题，并在思考中解决问题。如果父母为孩子把什么都安排得十分妥帖周到，从来不鼓励孩子独立思考，这样下去就会逐渐扼杀孩子的思考能力。父母不妨借鉴下面一些方法培养孩子独立思考的能力。

1. 创造思考的氛围

父母不能因为孩子太小、需要自己的照顾就理所当然地把孩子看成附属品，并且通过各种方式来支配孩子的言行。其实，孩子也有自己的思考，他们也有自己的世界、自己的空间。若孩子有什么特别奇怪的想法，父母也要允许这些想法的存在，并积极加以引导，给孩子一个独立思考的机会。父母可以与孩子一起逛动物园、科技馆，和孩子一起阅读故事书或者看电视，然后让孩子思考“你看到了什么”“你听到了什么”，引导孩子思考事物本身之外的问题，并从思考中获得答案。

比如，有的父母通过朗读简单的故事来引导孩子思考问题，他先让孩子读一篇故事，然后和孩子一起讨论，由此引发孩子联想出一连串问题。很快，这个孩子就表现出了远胜于同龄孩子的思考能力。

2. 让孩子学会独立思考

父母在与孩子的相处过程中，要以一种商量的口吻讨论，多留给孩子自己思考的空间，为孩子多提供提出自己想法的机会。比如，父母可以依据谈话的内容向孩子适当提问“你觉得这是怎么样的”“如果是你，你会怎么样去做”“对这件事，你是怎么想的”。这样提出一些问题，引起孩子的思考，诱导孩子逐步展开思考。如果孩子长时间处于思考中，父母也不要着急，应该给孩子留出足够多的思考时间，而不是急于把答案告诉他们。即便孩子答错了，父母也不要横加指责，而是应该引导孩子独立思考，引导他们去发现和纠正自己的错误。

3. 鼓励孩子大胆发问

哲学家罗素曾经问剑桥大学著名哲学家穆尔："你最好的学生是谁？"穆尔毫不犹豫地回答："是维特根斯坦。""为什么？""因为在我所有的学生中，只有他一个人在听我讲课的时候，老是露出迷茫的神色，老是有一大堆的问题。"后来，维特根斯坦的名气不仅远远超过了自己的导师穆尔，而且也超过了大哲学家罗素，当有人问罗素为什么会落伍时，维特根斯坦说："因为他已经没有问题了。"由此可见，大胆的提问有多重要。因此，鼓励提问是智力教育的一种重要方法。父母应该鼓励孩子大胆提问，他们问得越多，就越能刺激独立思考能力。

4. 多给孩子独立思考的机会

孔子说过："学而不思则罔。"这讲的是学习与思考的关系，也说明了思考对于学习的重要性。好奇心是孩子的天性，他们会不断地问"为什么"，这时候父母要正确引导，不要压抑孩子的好奇心，这样他的求知欲就越来越旺，也激发了他思考的欲望。

有的父母抱怨自己的孩子不喜欢动脑筋，不喜欢思考。其实这时候，父母应该问自己，在孩子的成长过程中，你有没有给孩子独立思考的机会？当孩子因为好奇心提出问题的时候，父母不要急于把正确答案直接告诉孩子，而是应该引导孩子积极探索，有意识地培养孩子独立思考的能力，帮助孩子通过独立思考来获得答案。

自律，是孩子迈向独立的开始

每个人最大的敌人就是自己，一个人如果能够战胜自己，就能战胜整个世界。在培养孩子情商的过程中，父母首先要让孩子具备的优秀品质，就是自律力。顾名思义，自律力就是孩子掌控和管理自己的能力，每个孩子从呱呱坠地到能够独立生活，这期间有漫长的道路要走。而拥有自律力，恰恰是孩子走向成功的第一步。

娜娜从小聪明乖巧，是家里的独生女，爸爸妈妈很疼爱娜娜。娜娜想要什么，只要说一声，家长基本上都会满足。娜娜平时在家里乖巧听话，在学校努力学习，成绩一直很理想。

渐渐地，孩子长大了。娜娜上了初中，学校离家比较远，家长需要每天来往于学校和家之间，接送娜娜上学放学。在孩子初二的时候，娜娜的爸爸妈妈想着能不能让孩子住在学校，免得整天奔波，耽误学习。在一次家长会上，娜娜的爸爸和班主任说起让孩子住校的想法。

爸爸说："老师，我们家离学校有些远，我和娜娜的妈妈工作也比较忙，每天接送孩子上学放学很辛苦。我们想和你商量能不能让孩子住校，这样也能锻炼孩子的独立能力。"

班主任说："娜娜这孩子啊，很聪明，平时也很听话，可她不够独立，平时遇到事情也很难自己解决。比如，在班里与其他同学发生了矛盾，不会自己去解决。而且，这孩子不够自律，生活上的很多事情都不能自己处理。如果突然住校，可能会影响她的学习。"

爸爸说："唉，我真没想到孩子这么不独立。看来我和娜娜的妈妈确实有些溺爱孩子，对孩子的情商教育也不够。"

班主任说："住校对孩子的自立能力是一个很大的考验。如果处理不好，对孩子的成长和发展有害无益。我建议你们好好教育孩子，让孩子更自律。"

爸爸说："您今天说的事情我会好好考虑的，确实，孩子只有自律了，才能更独立。"

晚上回到家以后，娜娜的爸爸和妈妈说了班主任今天反映的情况。他们决定调整对孩子的教育，着重培养孩子的自律能力。一个学期过去了，娜娜不仅在生活上更加自律，学习成绩也稳步上升，变得越来越优秀了。

其实，在生活中，很多家长都在想着如何让孩子更好更快地迈向独立。独立，不仅能锻炼孩子品格，而且可以提高孩子的智商、情商和德商。自律作为一种优秀的品质，在孩子健康成长的过程中发挥着积极作用。

自律，指孩子在没有人现场监督的情况下，通过自己要求自己，变被动为主动，自觉地遵循制度，拿它来约束自己的一言一行。自律并不是让一大堆规章制度来层层地束缚孩子，而是让孩子自己用自律的行动创造井然的秩序，来为自己的学习生活争取更大的自由，完成自己想要的目标。

拥有自律品质的孩子在面对问题与处理事情的时候都更加井井有条。有些孩子会认为自律是自由的反义词，自律会约束他们的行动和自由。家长要改变孩子的这种观点，让孩子知道：自律能帮助你达到想要的目标，无论是智慧、财富、情感还是荣誉。从长期来看自律才可以带来真正的自由。

古希腊哲学家毕达哥拉斯说："不能约束自己的人，不能称他为自由的人。"家长应该要孩子学会约束自己、管理自己，变被动为主动，自觉地遵守学生日常行为规范，拿它来约束自己的一言一行，让孩子知道只有先自律才能有真正的自由。自律的孩子更易迈向独立。

在关于家长如何教导孩子通过自律走向独立方面，有以下建议供家长参考：

1. 教孩子制订出计划并按时执行

衡量孩子是否独立的重要标志是孩子能否按规定完成事情，而自律是帮助孩子按时完成事情的重要品质。家长帮助孩子制订好做事的计划，并监督孩子坚持按计划完成，有助于孩子养成良好的习惯。制订计划可以减少孩子因为心情不好、懒惰等原因而不做自己该做的事情。家长帮助孩子制订合理的计划可以让孩子养成准时做完事情的习惯。

家长可以指导孩子树立系统而长期的目标，让孩子把握好做事情的时间，按时完成目标。

2．教导孩子享受过程、注重结果

孩子做事不自律、半途而废，一部分原因是孩子觉得事情很难。家长可以引导孩子想象自己完成目标的喜悦，用成功的结果鼓励孩子克服眼前的困难。家长也可以引导孩子去享受完成事情的过程，从中找到做事的乐趣。

自律需要孩子抵制住眼前的诱惑，脚踏实地地完成手中要做的事情，这需要孩子不断地鼓励自己坚持下去，既看到美好的结果，也可以好好把握过程。

3．家长要为孩子创造自律的环境

家长应该主动帮助孩子创造自律的环境。处于中学阶段的孩子在价值观和世界观方面并没有完全形成自己的观点，在很多方面需要家长的引导，需要外界环境的熏陶。为了让孩子通过自律走向独立，家长可以给孩子创造一个合适的环境。从大的方面来说，家长可以利用节假日带孩子出去旅游、参加公益活动等，让孩子在接触社会的过程中锻炼自己的能力。从小的方面来说，家长可以在家里鼓励孩子做饭、洗衣服等。

家长主动为孩子创造适合自律的环境，可以一边教育孩子自律，一边给孩子讲道理，让孩子知道这样做的原因和目的，让孩子更好地学会自律，走向独立。

让孩子学习做家务，在劳动中提高自主性

现代社会中，很多孩子都不喜欢做家务。出现这种情况的原因主要有以下几种：第一种，孩子从小没有树立做家务的意识，认为做家务是家长的事情，没必要帮家长减轻负担，孩子没有树立自己在家里的主人翁意识。第二种，孩子没有体会做家务的乐趣，认为做家务只会让自己更加累，是浪费自己的时间，没有认识到做家务对自己的重要作用。第三种，孩子没有做家务的习惯。家长长时间不让孩子劳动，会让孩子习惯不劳动。

因此，家长应该引导孩子多做家务，这样可以提高孩子的生活自理能力。通过做家务可以让孩子明白劳动的意义，增强孩子的实践能力。孩子能在生活中处理好自己的事情，在学习的时候就会更加井井有条，懂得如何去分配时间，完成学习任务，提高孩子在学习方面的自觉程度。孩子多做家务还可以缓解孩子的学习压力，提高学习效率，提升学习成绩。

周末大清早，妈妈就把小亮从被窝里拉了起来，小亮还没有睡醒，忍不住抱怨："每天早上都起那么早，周末还不能让我多睡会儿啊。"妈妈用手刮了刮小亮的小鼻子："哎哟，真是小懒猪，你忘记了，今天是爸爸生日，昨晚你可答应我的，帮忙打扫屋子，然后买菜做饭，做一桌子好吃的等着爸爸回来。"听了妈妈的话，小亮把瞌睡虫都赶走了，眼里满是兴奋，一下子从床上爬起来，一边穿衣服一边唱歌。正在厨房准备早餐的妈妈大声喊道："亲爱的小亮，穿好衣服以后，顺便把床单、被子整理一下，一会儿妈妈就省事了。"小亮记得妈妈教过的方法，他先在一边把床单、被子拉直，又到另外一面做了同样的动作，这样床上就显得整齐了。他看了看扔在枕头下面的睡衣，想了想，又把睡衣拿出来折叠整

齐，放在旁边的床头柜上。

吃了早餐，妈妈和小亮就忙碌了起来，拖地、擦桌子、整理东西。小亮一边擦桌子，一边好奇地问妈妈："平时我看这桌子都不脏，怎么现在看起来全是灰尘？"妈妈一边甩着胳膊，一边说："这就是看不见的垃圾，我几乎每周都要来一次大扫除，把这些灰尘消灭干净，否则你睡觉的时候，那些空气里的灰尘、细菌就会钻进你的身体，破坏你的健康。""嗯，妈妈，以后每次大扫除我都要参加，我们把爸爸也拉进来。""可以呀，这样妈妈就轻松了，有了你们的帮忙，我就省事多了。"妈妈也很兴奋。

一般而言，当孩子在两三岁的时候，父母就可以慢慢教孩子做一些简单的事情，到6岁时，孩子就能基本自理了，再大一点儿就可以帮助父母做一些简单的家务了。"孩子才五六岁，让他做一些家务事合适吗？"有不少父母表达了对孩子做家务事的矛盾心理，既觉得应该从小锻炼孩子，让孩子做些家务活儿，又觉得孩子还比较小，不知道让孩子做些家务是否合适。其实，教育专家建议，应该从小就培养孩子做家务的意识。父母应该相信孩子会做好，放手让孩子做一些力所能及的家务活，比如，帮父母拿衣物、鞋子、小凳子。如果孩子有兴趣，也可以教孩子扫地、擦桌子、叠衣服等，培养孩子爱劳动的好习惯。而且，在做家务的过程中，孩子本身也会感受到乐趣。

综上所述，家长积极引导孩子从做家务中学会自理能力是很有必要的事情。孩子通过做家务，能够养成主动解决问题的好习惯，从而及时解决生活中遇到的问题。孩子通过做家务，也可以更真实地体会家长养育自己的艰辛，慢慢地懂得如何照顾自己，以及如何关心他人，变得更有孝心。

下面介绍一些帮助孩子通过做家务来提高自理能力的方法：

1. 让孩子学会自我服务

有的父母认为孩子太小了，什么事情都做不了，在这样一种思想的影响下，他们将孩子的一切事情都包揽了。这种做法表面上是爱孩子，其实是害了孩子，因为总有一天孩子要脱离父母的庇护，展开翅膀自由飞翔。因此，父母要有意识地培养孩子独立生活的能力，让孩子知道自己的事情自己做。当孩子还小的时候，父母可以教孩子学会自己穿脱衣服、系鞋带、自己铺床叠被、自己洗脸洗手、自己整理玩具和学习用品。在这一过程中，父母要先示范，然后让孩子在父母的指导下练习，直到孩子会做为止。

2. 通过适当的鼓励或奖励让孩子爱上劳动

家长可以通过适当的方式引导孩子多做家务，让孩子养成做家务的习惯。有些孩子直到小学毕业都没有做过家务，如果这时家长突然要求孩子做家务，孩子可能会不习惯，或者产生抵触情绪。这种情况下，家长不妨在孩子做家务的过程中给予孩子适当的鼓励或奖励，引导孩子发现其中的乐趣，让孩子爱上劳动。例如，当孩子洗菜的时候，家长可以问问孩子如何才能把菜“变”干净？让孩子觉得把菜“变”干净的过程是充满乐趣的。在孩子做家务的时候，家长可以给予孩子适当鼓励，让孩子开开心心做家务，并努力做得更好。这样一来，孩子就能在不知不觉中获得能力的提升。

3. 提高孩子的责任感

孩子之所以不愿意做家务，很多时候是由于自己没有做家务的意识，没有认识到做家务对自身发展的好处。家长应该让孩子知道：爸爸妈妈不可能永远陪在他身边，自己一定要学会独立。家长也要让孩子知道：作为家庭的一分子，爸爸妈妈有责任照顾孩子，孩子也有责任照顾家长，做家务是孩子照顾家长必要的一部分。树立孩子的主人翁意识，让孩子觉得家里需要他的一份付出，提高孩子的责任意识。

肯定孩子的好奇心，培养对知识的求知欲

爱因斯坦说过：“对于一切来说，只有热爱才是最好的老师。”因为热爱，才会产生兴趣，才会产生好奇心和求知欲，才会将被动学习转化为主动学习。主动学习和被动学习这二者之间的区别很大，产生的学习效果也有很大差别。在主动学习的过程中，孩子的注意力会高度集中，思维更敏捷，潜在的能力会被调动起来，因此学习效果会更好，成绩会更明显。因此，保护好孩子的好奇心和求知欲是维护孩子学习热情、引导孩子主动学习的最好方式。

9 岁的孩子亦鸣跟随父母来到美国生活。一想到孩子的学习环境陡然一变，亦鸣的父母忍不住感到担忧，怕孩子没办法很快适应，影响到学业。

很快，父母发现亦鸣身上确实发生了变化，只不过跟他们原本料想的不一样。以前，亦鸣一放学回到家，就会拿出作业本专心致志地写作业，而现在，他放学后会先去一趟图书馆，抱回很多书，一边翻书一边飞快地写着什么，周末的时候也不例外。

亦鸣的父母有些疑惑，爸爸找了个机会悄悄看了一眼那写得满满当当的本子，只见第一行赫然写着“我的昨天与今天”。爸爸有些哭笑不得，一个 9 岁的孩子竟然写出这样的题目。于是，他决定和亦鸣沟通一下：“亦鸣，我能不能了解一下，你现在在做什么？”

“可以的，我正在准备写本书，书名我都想好了——《我的昨天与今天》。”亦鸣答道。

果然不出亦鸣爸爸所料。亦鸣爸爸觉得这样的题目有些大，一个 9 岁的孩子哪有那么多故事呀，恐怕连大学校园里的博士也不一定敢用这样的口气。于是，

爸爸想表示否定，准备阻止亦鸣做这件事情。但否定的话语已经到了嘴边，又被爸爸生生咽了回去。

“好的，孩子，我觉得很好，爸爸有个请求，希望等你大功告成的时候，我能有幸做第一个读者，可以吗？”

过了两个月，亦鸣的大作完成了，是一本200多页的小册子，里面热热闹闹地写了各种见闻和感想：从婴儿时期，亦鸣还只是一个细胞起，到独立行走，到牙牙学语，再到第一次和小朋友握手、第一次去幼儿园、第一次和小朋友吵架、第一次给妈妈端水、第一次上小学……最后，书后面还列出了参考书。爸爸越看越吃惊：“这真是我的孩子写出来的吗？太神奇了吧。”

看着9岁的孩子兴致勃勃地完成了自己的大作，爸爸意识到自己先前的决定是对的，不管结局如何，首先保护孩子的好奇心和求知欲的初衷是非常正确的。亦鸣爸爸在心里悄悄地为自己点了一个赞。

由此可见，教育不应该只是让孩子学习课本上的知识，而应该更多地关注孩子的心理成长。对于孩子的好奇心和求知欲，家长应小心保护。孩子养成一种良好的学习习惯不容易，而且对孩子而言，可以说是终身受益。任何一位成功者都需要有一份纯粹的热情，如果没有了好奇心，那么，无数个苹果落地也砸不出万有引力定律来。

保护孩子的好奇心和求知欲应从生活的点滴做起：

1. 孩子爱问“为什么”是一个好现象，家长要鼓励

孩子们的好奇心很重，到了一定年龄之后总是喜欢问“为什么”。这是孩子爱动脑、勤思考的表现，是一个非常好的现象。作为家长，一定要给予孩子鼓励和表扬，不要因为嫌烦就叱责孩子，否则，孩子还以为问问题是错误的行为，会本能地减少提问，进而减少对于外界的好奇心。

2. 尽量回答孩子的问题

对于孩子提出的各种各样稀奇古怪的问题，很多家长都会觉得有些招架不住。

但无论如何，家长们都要认真对待，不能信口乱说，实在不清楚的可以通过查资料找到正确的答案；如果确实回答不出，也可以鼓励孩子自己去寻找答案。孩子在提问到寻找答案的过程中，同样可以很好地培养求知欲。

3. 不要让孩子看到你对提问的负面情绪

妈妈正忙着洗碗，孩子跑了过来，问道："妈妈，为什么我不能变成怪兽？"

对于这个孩子问了一个晚上的问题，妈妈终于发脾气了："有完没完，再问我这个问题，我就生气了。"

孩子惊恐地看着已经生气的妈妈，"难道妈妈不喜欢我问问题？"

类似这种场景，生活中随处可见，孩子们天真的问题时常搞得家长不知该怎样回答，最后恼羞成怒，粗暴地让孩子闭上嘴巴。家长这种行为，会大大削减孩子的好奇心和求知欲。这一点，家长一定要引起重视，不要因为回答不上来，觉得伤了颜面，就粗暴地剥夺孩子提问的权利。

每个孩子都是带着一颗好奇心来到世界上的，他们像一个个探险家，企图了解、探知他们不知道的神秘世界。正因为有了这种原始的、本能的好奇心和求知欲，人类才能不断进步，社会才能不断前进。好奇心是孩子们渴望获得更多知识的动力，是孩子们不畏艰辛、探索更高领域的勇气支撑，是帮助孩子们快速成才的先天优势。因此，家长们一定要小心保护好孩子的好奇心与求知欲。

通过旅行，让孩子锻炼出独立的自我

很多时候，旅行是到一个全新的环境。面对未知的挑战，孩子可以从家长身上学到很多能力。通过看着家长如何解决衣食住行的问题、如何与陌生人打交道，以及如何在面对不一样的环境，孩子可以切身体会到旅行的意义，学会很多新能力。对于孩子而言，这是很宝贵的经历。另外，孩子在旅行的过程中还可以减少对家长的依赖，因为旅行的环境对全家人都是一个新的环境，需要每一个人去适应。通过旅行，可以让孩子更快、更好地走向独立。

乐乐和怡怡是邻居，两个人同岁，性格爱好也相似，所以从小就很要好。

也许是两家家长的工作性质不同，使得家长们在教育孩子的方式上有很大区别。

乐乐的爸爸妈妈是运动员，平时喜欢运动，爱好广泛。因此，他们对孩子采取开放式的教育，很少给孩子什么规定。在寒暑假期间，他们还常常带着孩子一起去旅游。

怡怡的爸爸是老师，妈妈是个作家。因此，怡怡家有一个很大的书房，爸爸妈妈都喜欢看书。平时，怡怡的家长都在家看书，很少出门，怡怡也很少出去玩。

渐渐地，孩子们都长大了。乐乐和怡怡也由小学升到了初中，而且两个人是同班同学。上初中以后，孩子们接触到更多新鲜的人和事，学习任务也变得重起来，在生活和学习上，对孩子的独立能力提出了更高的要求。这时候，两个孩子的差别便显现出来。乐乐的适应能力显然更强，初一时，不仅成绩在班里名列前茅，而且与同学们的关系也很好。由于大家对乐乐处理事情的能力都很佩服，在班级选举班委时，大家一致推选乐乐为班长。比起乐乐，怡怡的初中生活就不那么有滋有味了。怡怡的学习成绩不理想，而且平时在班里沉默寡言，很少与人沟通，自然也没有什么朋友。

怡怡每天郁郁寡欢的模样自然被父母看在眼里。一开始，家长认为初中的生活需要孩子慢慢适应，过段时间自然好了。可是初一即将结束了，也不见孩子有什么好转，爸爸妈妈心里开始着急起来：该如何培养孩子的独立能力啊？

怡怡的爸爸在了解孩子的情况后，与乐乐的情况进行了对比，觉得旅行对孩子的独立能力会有很大的帮助，可是现在没有那么多时间带孩子去旅行。对此，妈妈提议可以给孩子讲名人的旅行故事。

于是，爸爸从图书馆买来一些名人旅行的书，例如古代著名的玄奘、徐霞客等，并给怡怡讲述他们是如何去旅行，如何克服重重困难到达目的地，并通过旅行来实现自我价值，提高认识境界的。在讲故事的过程中，爸爸也会给怡怡讲述他们的伟大精神品质，鼓励怡怡向他们学习。

怡怡也被这些有趣的故事深深吸引着，为他们不屈不挠的伟大品格所折服。在生活中，怡怡以那些伟人为榜样，改变了很多，变得更加独立。

从上述事例中两个孩子的表现可以看出来，独立能力对孩子的健康成长是非常重要的。独立能力强的孩子可以较快地适应环境并发挥自己的能力，独立能力不强的孩子往往感到很多事情不顺遂己意，自信心也会因此受到很大的伤害。家长对孩子不同的教育方式，会对孩子后天性格的养成产生很大的影响。

有些家长可能会觉得：我经常带孩子出去玩啊，有时候去公园，有时候去郊游。其实，这些外出活动只能说是游玩，旅行和游玩是不同的。旅行是观察身边的景色和事物，行万里路，读万卷书。旅行可以使孩子锻炼身体、开阔视野、增加见识，让孩子在不断遇到新风景、解决新问题的过程中逐步培养自己的独立能力。

那么，家长应如何帮助孩子在旅行中走向独立呢？这里有以下几点建议供家长参考。

1. 给孩子讲名人故事

在古今中外的历史中，关于名人在旅行中一步步学会独立并实现自我价值的例子数不胜数，家长可以给孩子讲述关于名人旅行的故事。

在生活中，很多家长可能因为种种条件的限制无法带孩子去旅行。其实，给孩子讲述名人旅行故事也是一个很好的办法。这样不仅可以为孩子树立榜样，而且可以让孩子接受正确价值观的熏陶，培养孩子吃苦耐劳的精神。

2. 带孩子到离家比较近的地方锻炼

俗话说："读万卷书，不如行万里路。"家长可以多带孩子在离家比较近的地方锻炼，这样不仅不会花费家长和孩子太多的时间和精力，而且可以让孩子逐步培养独立意识。

家长带孩子在离家比较近的地方让孩子对一个地方进行深入了解，全面地锻炼孩子的各项独立能力。比如在自己家附近的公园里，家长可以在这个地方教孩子如何判断地形、搭建帐篷、利用星空识别基本天气情况等。让孩子在相对熟悉的环境中学会旅行的技能，一步步走向独立。

3. 鼓励孩子写旅行日记

在孩子旅行的过程中家长可以鼓励孩子养成写日记的习惯。让孩子把旅行的经历、得失、感受等记录下来。这样，孩子可以更加深入地思考旅行的意义，而不是走马观花地参观一个地方，没有什么收获，再去下一个目的地。通过旅行日记，可以让孩子学会总结经验，把经历转化为自己的实际知识。家长也可以鼓励孩子说出自己旅行的感受，并把感受与其他小朋友分享。分享的过程也是锻炼孩子的交际能力与表达能力的过程。

孩子写旅行日记既是对生活的一种记录，也是知识的积累。写日记的过程可以让孩子深化记忆，主动思考更多与旅行有关的事情。

第九章

高情商的父母，是培养高情商孩子的根基

注意说话的语气，有些事可以商量着来

语言是人与人沟通的重要桥梁，与其说语言的内容决定了沟通的成效，不如说语气的应用影响了内容的发挥。父母和孩子之间的沟通也同样逃不过语言的媒介，并不是说因为是亲子关系就不需要注意说话的语气。

每个孩子都是有自尊心的，都希望获得他人的尊重，在听到父母指责、训斥、命令的言语和语气时，都会感到难受和不安，内心也会有一定的逆反情绪。比如，父母想要孩子把地上乱丢的玩具收拾整理一下，是说："飞飞，你怎么回事，把地上弄得这么乱？还不赶快收拾干净！"还是说："飞飞，你的玩具在到处流浪啊，你可不可以把它们送回家呢？"父母的目的都是希望孩子把玩具收拾好，但是，前者是命令、指责的语气，后者是商量、温和的语气，相信任何一个孩子都更愿意接受父母的第二种表达方式。

如果父母要的只是孩子行动的结果，那么，用商量的口气对孩子说话也更容易让孩子行动起来，而且孩子也不会对父母心存埋怨。如果父母认定自己的孩子是"吃硬不吃软"的人，不妨试试用"软"一点儿的表达方式，也许会得到意想不到的效果。

因此，当有话急于对孩子说的时候，不妨先等一两秒钟，深吸一口气，再慢慢地呼出来。这个过程可以帮助父母做好用商量的语气说话的准备。

那么，高情商的父母是如何与孩子对话的呢？

1. 在与孩子沟通时，都会用商量的语气

高情商的父母不只对孩子，平时在与其他人沟通时也会用商量的语气。一个人的说话语气是长久以来养成的习惯，面对越亲密的人，说话越是随便。这是因

为，用什么样的语气一般是不需要思考的，而是自然而然的流露。

因此，要想学着用商量的语气对孩子讲话，那就要在对所有人说话的时候注意语气，如果这种习惯不改变，想对孩子说商量的话，都不知从何开口。

通常，在与孩子用商量的语气说话时，最好多用“可以吗”“怎么样”这样的词语。当养成这样的习惯后，与孩子聊天就会自然而然地做到万事商量着来。

洗完澡的杨洋忘记把脏衣服放到洗衣机里，妈妈发现后，就喊他过来：“杨洋，请你过来下。”杨洋边往卫生间走，边说：“我肯定又犯什么错了。”

妈妈说：“是犯了小错，你下次洗完澡，记得把脏衣服放进洗衣机里，怎么样？”

“可以！”杨洋恳切地回答了。

第二天，同样的场景又发生了，妈妈再次喊：“杨洋，请你过来一下！”这次，杨洋赶忙跑进卫生间说：“妈妈，对不起啊，我又忘记了，明天一定不犯了！”

杨洋的妈妈不但用了“怎么样”，还用了“请”，这样温和而礼貌的措辞是很难遭到孩子的拒绝的，孩子只能乖乖听话。

因此，当准备说一句命令式的陈述句时，完全可以换成疑问句，句子中加上“能不能”“可不可以”“好不好”等措辞，孩子基本上都会回答“好的”。

2. 注重语气和语调

在与孩子商量时，父母除了多用商量的措辞外，还需要注意说话的语气和语调。商量的语气往往是柔和的，而不是生硬的。如果父母不知道怎么说才算得上柔和，那就把语速放慢，声音放低，效果肯定会大有不同。同样一句话，比如“你可不可以把手洗干净？”如果父母的语速很快，声音很大，那是在命令孩子，如果语速慢下来，语调柔和下来，就属于商量的口气了。

有的父母可能会说：我这人天生心直口快，温柔的话说不来。那就只能先让心柔软下来，语言才能跟着柔软。

与孩子商量时，有一个最重要的关键，就是要允许孩子有其他的意见。如果所谓“商量”只是为了得到孩子的认同，孩子一有反对意见，你就立刻驳回，那就称不上是什么商量了。

每个周六，父母都会带孩子去附近的公园走走，但是，这周六父母都要加班，决定把孩子放到奶奶家。当父母去跟儿子商量的时候，儿子表示可以自己在家玩，父母不同意，但是儿子仍表示不想去奶奶家。

最后，父母干脆说：“没你选择的余地，明天必须去奶奶家。”儿子噘着小嘴走开了。

父母用商量的语气和孩子谈事情，就要做好孩子有另外打算的准备，既然是商量，就有成功有失败，不能抱着必胜的希望，一看到孩子没和自己达成一致，就用命令的语气要求孩子。

因此，如果父母没打算接受孩子的其他意见，就不要用商量的口气，用温和的语言把你的计划告诉他就可以了，免得两个人像拔河一样拔来拔去，最后大家都不愉快。

做高情商的父母，从学会道歉开始

很多父母认为向孩子道歉是一件没有面子的事情，其实这种观念是错误的。父母向孩子道歉，具有非常积极的教育意义。

从不和孩子坦诚自己缺点和过失的父母，会给孩子造成这种印象：父母总是出错，但他们总是认为自己是对的。长此以往，孩子就不会听从父母的教诲了。如果父母对孩子犯了错，却能及时、诚恳地向孩子道歉，无形中就教会了孩子承认错误是责任的一部分，它并不可耻，进而帮助孩子提升是非观。

举例来说，一些孩子在“犯错”后，父母由于难以克制感情上的冲动，对孩子进行了较为严厉的惩罚，事后这些父母搞清楚了原来错不在孩子那里，只是因为自己没弄明白就给孩子下了结论。如果父母们能在这时向孩子承认自己的错误，并诚恳地进行道歉，这样就能用自身行动引导孩子走向正确的道路。

某位妈妈回忆起一件事情时，苦恼地说道：“有一次我下班回家后，发现我们家的鱼缸碎了。因为儿子淘气的缘故，我断定鱼缸的损坏肯定和他有关，于是狠狠地批评了他。但儿子没有承认是自己所为，他反倒觉得委屈。看到他一个劲儿地狡辩，我顺手打了他几下。晚上，孩子他爸回来后才说是他不小心把鱼缸打坏的，我这才意识到我错怪孩子了。但因为我的虚荣心作祟，我并没有对儿子道歉，而是振振有词地说：‘虽然这次的事不是你做的，但你平时太淘气了，妈妈才会以为是你。你以后不能再淘气了，知道了吗？’没想到，此后很长的一段时间内，儿子没有再和我说过话。我这才意识到，是因为我没和他道歉而伤害了他的自尊心。道理虽然想通了，但我怎么也放不下作为父母的面子。真不知道该怎么处理这件事才好。”

其实，在生活中这样的例子很多，即使名人也不例外。

有一次，正处于心烦状态下的闻一多动手打了还不懂事的小女儿，这一幕正好被儿子撞见了，他严肃地批评闻一多说："你打人不对，你天天宣扬民主精神，竟然在家里犯这样的错误！"闻一多听完之后还有点火气，但是冷静了一下，他十分认真地对儿子说："我向你们道歉，我不该动手打你小妹，我小时候，你们爷爷奶奶就是用这样的教育方法对我的，现在又换成了我，我错了。请你们引以为戒，等你们以后有孩子的时候，千万不要用这样的方式教育你们的子女。"

这样的道歉，无疑重塑了在孩子们心中高大的父亲形象！每个人都有做错事的时候，关键在于如何面对自己的错误。如果只是因为"面子"心理在作祟，让孩子蒙受不白之冤的话，这不仅会伤害孩子的自尊心，也会颠倒孩子的是非观，对孩子的身心成长是极为不利的。

因此，希望各位家长引以为戒。大人做错事情的时候，认真地向孩子道歉并不是什么没有面子的事。要知道大人也并不一定总是正确，实事求是地对孩子坦承自己的过失，无形中能够起到尊重孩子和教育孩子做人的作用，不但不会有损家长的形象，还会让家长在孩子心中的形象更加高大，彼此之间的感情变得更加融洽。

因此，如果你错怪了孩子，一定要对孩子坦承自己的过失，让孩子体会到你诚挚的歉意，从而树立孩子正确的是非观。

给孩子道歉，要讲究哪些技巧呢？

1. 态度诚恳，否则会让孩子觉得你没有诚意

举例来说，现实生活中有很多父母确实扮演着"统治者"的角色。错怪孩子了，不但没有向孩子致歉，反倒是借题发挥，从孩子身上找原因，这样的教育方式总是徒劳无功的。这样会让孩子觉得父母没有诚意道歉，而是变相批评自己。真正的道歉是能触碰到孩子心中被肯定和尊重的神经的。

另外，还要注意对孩子道歉时的态度，千万不要边发脾气边道歉，父母们若是能做到这一点，孩子才能接受你的道歉。

2. 不要乱道歉

家长不要因为孩子情绪的波动，就否定自己的原则向孩子道歉。道歉一定要有针对性，如果真是父母错了，那么就诚恳地向孩子道歉，让孩子感受到你对他的尊重，教会他做人的道理，而不是为了讨好孩子才进行道歉。

高情商的父母，批评孩子从不会唠叨个没完

很多父母，特别是做母亲的，批评孩子的时候喜欢唠叨个不停。因为他们认为说的次数多，是在帮助孩子强化记忆，孩子印象深刻，执行起来才更容易。其实，批评孩子时唠唠叨叨，效果并不理想。

人们常说，说话要言简意赅、突出主题，说出的话才有说服力。而唠叨就是说话的时候冗长、琐碎，同一句话或是同一件事情反复说个不停。在批评孩子的时候，如果同一句话重复多遍，或一件事情说个没完没了，成年人听了都会感觉心烦意乱，难以接受，更别说是孩子。

璐璐小的时候特别喜欢学习，成绩在班里也是名列前茅，后来却越来越不喜欢学习，这是为什么呢？就是因为她的妈妈批评她的时候总是唠叨个不停，弄得她完全没有心情去做自己喜欢的事情。

一天，璐璐放学回家，打开作业本准备做作业，突然被桌子上的一本课外读物吸引住。那本书包装很精美，书名也很特别，璐璐本来就很喜欢文学类读物，这时候越发想对里边的内容一探究竟，于是她打开书翻看了起来。看了几页之后，璐璐想起作业还没做呢，感到有些内疚，但书里的故事实在太有意思，她舍不得放下，所以决定再看一节。

这时妈妈碰巧走进屋，看到璐璐在看和作业无关的闲书，不由得十分生气，大声地对璐璐说："看这些乱七八糟的书干什么，怎么还不做作业？"璐璐说："知道了，妈妈，我看完这一节就做。"妈妈说："看完一节？那得耽误多长时间呢，先去写作业。"璐璐央求道："妈妈，还有十分钟就看完了，就十分钟。"妈妈不耐烦地说："十分钟？这可是你说的。"说完妈妈转身离开房间。没过多

长时间，妈妈又进来了，再次生气地对璐璐说："怎么还看呢？不是说看完就写吗？"璐璐看了看闹钟说："妈妈，不是说好十分钟吗？这才过了四分钟。"妈妈没好气地说："你抓紧时间吧，现在不快点写，晚上又得睡那么晚。"璐璐这时感到很心烦，没有说话，继续看着课外书。

妈妈看到璐璐不听话，开始不停地抱怨起来："别人家的孩子一进屋先写作业，可你呢，进门先看无关紧要的书，等到快睡觉了，才开始写作业，这样怎么能把学习搞好？"璐璐听到妈妈唠叨个没完，哪里还有心思继续看书，她说："妈妈，我不是说了吗，只看完这一节就写作业，您就别唠叨了。"妈妈说："哎呀，你不写作业还有理了，我这样不停地说，还不是为你好？要是你能听点话，至于这么累吗？"璐璐感到越来越烦躁，把书合上，扔到一旁生气地说："行，行，我不看了还不行吗？"于是开始写作业。但是想起刚才妈妈说的话，她就生气，越是气愤，越写不进去作业，就这样磨磨蹭蹭，直到晚上十一点多才做完。

璐璐回到家没有立即写作业，而是看起课外读物，本来就感到内疚，妈妈第一次进房间的时候，如果出于善意的提醒，璐璐的内疚感会促使她尽快放下不相关的书，积极地抓紧时间去写作业。但是妈妈用唠叨的方式教育璐璐，结果孩子本身的内疚自责因为妈妈的唠叨而消失不见，留下的只是心烦意乱，试问孩子带着这样的情绪去做事，怎么能够做得好呢？

父母批评孩子时喜欢唠叨个不停，多半是出于恨铁不成钢的心态，他们希望尽自己最大的努力改变孩子，其初衷是好的。但是做任何事情都要讲究方式方法，即便是一个急脾气的人，想尽快纠正孩子的错误，也不能絮絮叨叨说个不停。父母说得越多，孩子的逆反心理就越严重，不但会使教育效果下降，还会使孩子抵触与父母之间的沟通和交流。

很多父母在看待孩子的问题时，往往将孩子的天性归结于他们的错误，其实那是不对的。就好像 3 岁的孩子看到电门就想触摸只是出于好奇，他们并不知道那东西多么危险，如果说他们是故意犯错显然是不恰当的。对于这种情况，父母需要做的是告诉他们这种做法所带来的严重后果，一味地批评教训，是丝毫不起作用的。唠叨会让家长失去倾听的能力，如果孩子想解释自己为什么要这样做，家长下意识地认为孩子是狡辩，然后再次批评，这只会让双方的关系愈来愈疏远。

父母唠叨一次两次，可能对孩子造成的伤害有限，但如果孩子长期忍受父母的唠叨，父母焦虑的情绪就会给孩子造成巨大的负面影响。由于承受了巨大的心理压力，孩子会变得不自信，负面情绪也会越来越多，甚至影响到孩子的性格发展。

其实，孩子是一个独立的个体，即使他有些事情做得不够好，想法不够周全，但他有能力去处理好自己的事情。批评教育的话说多了，反而会让孩子反感。如果相信孩子的能力，给予孩子多一些包容和体谅，站在平等的高度与孩子进行交流，相信孩子一定会做得更好。

珊珊的妈妈以前在教育孩子的时候也喜欢唠叨，弄得珊珊不胜其烦。一次偶然的机会，她听了亲子教育专家的一场讲座，之后便意识到，唠唠叨叨不但教育不好孩子，反而会令情况恶化，于是决心改变自己。

往常，珊珊放学回到家，妈妈让她做的第一件事就是写作业，如果珊珊提出自己的建议或是想法，就会换来妈妈的一顿唠叨。珊珊实在拗不过妈妈，就会说："行了，求你别说了，我去写还不行？"但写完作业之后，珊珊却不愿和妈妈说话了。

但今天，妈妈决定换一种方式来拉近母女之间的距离。珊珊放学后，妈妈依然提醒她说："你写完作业我们再吃饭。"这话只说了一遍之后就再也没有重复。珊珊到屋里写作业，到快七点的时候出来了，她一看，满桌子的饭菜一动都没动，就问妈妈："你们怎么还没开始吃呢？"妈妈认真地说道："你一回家我不是说了，你做完作业，我们再吃饭。"珊珊有些过意不去，说道："妈妈，你什么时候说的，我怎么没听见？"妈妈笑着说："是不是我不唠叨，你耳朵不好使了？"珊珊被妈妈逗笑了，母女二人你一句我一句说得不亦乐乎，晚饭吃得特别开心。

古人云："将心比心，推己及人；己所不欲，勿施于人。"如果父母认为他人的唠叨容易让自己心烦，就不要让同样的烦恼发生在孩子身上。只有站在孩子的角度思考问题，走进孩子的内心世界了解他们的真实想法，才能找到适合的教育方式。与其批评时唠唠叨叨，自己说着累，孩子听着累，不如多给孩子一些成长的空间。孩子有了独立意识和自信心，一定能做得更好。

那么，在批评孩子时，有哪些方面需要注意的呢？

1．不要当着外人的面批评孩子

是人就会有自尊心，孩子也不例外，妈妈们千万不要忽略这一点。尤其在有外人在时，孩子的自尊心会更加强烈。妈妈们如果总是对别人讲自己孩子的缺点或是在别人面前呵斥孩子，孩子的自尊心会大大受到伤害。孩子的自尊心比成年人要强得多。孩子会因为自尊心的受伤遭遇打击。因此，当着别人的面对孩子进行批评的做法是不当的，这样非但起不到教育的效果，更会给孩子心理上造成致命的打击。

相反，高情商妈妈会懂得尊重孩子，在他人面前赞美孩子，和孩子单独在一起的时候再批评孩子，孩子这时候往往很容易接受批评。

2．不要用恐吓的方式批评孩子

从孩子出生那天起，家长就是孩子最为依赖的人，因此，他们从小就有离开家长就生存不下去的心态。如果用恐吓的方式批评孩子，孩子心里常常会有这样的疑问，“妈妈真的不要我了吗”。在这种心理暗示下，孩子内心的不安会逐渐加剧，久而久之，就会形成胆小、怯懦、不自信甚至自卑的性格。

高情商的父母，赞美的话总是很及时

每个人都渴望被别人赏识和赞美，孩子也不例外，在对待赞美孩子的问题上，家长们一定要正确把握时机。一般情况下，父母应该在孩子取得一定的成绩时给予赞美。这样不但能激发孩子的潜能，还能帮助孩子找到前进的动力和方向。

然而，并不是每一个家长都懂得及时赞美孩子的重要性。有些父母是觉得孩子的成绩不值一提，没有什么好赞美的；还有些父母则是因为怕孩子骄傲而故作冷淡。由于有这样那样的顾虑，不少家长在孩子需要赞美的时候，总是没有任何表示。

李立是小学三年级的学生。期末考试时，李立语文考了99分，数学考了98分，总分排在全班的第十名。回到家，他喜滋滋地把这个好消息告诉了妈妈。

妈妈听了以后，只是淡淡地说了一句："噢，是吗。"

李立得意地说："我比上次期末考试进步了两名呢！"说完，李立眼巴巴地等着妈妈的赞美。

然而，妈妈却只是面无表情地点点头，说："知道了。你又不是第一名，还有同学比你考得更好呢！我要去厨房做饭了。"

听了妈妈的话，李立非常失望，闷闷不乐地躲进自己的房间。他不明白，为什么自己考了第十名，妈妈却一点儿都不高兴，更没有表扬他。

在现实生活中，这样的情况时有发生。父母的冷淡在很大程度上打击了孩子的积极性。人人都期待获得他人的肯定，孩子也不例外，父母的肯定对孩子来说尤为重要。父母要用心观察，寻找孩子身上值得赞美的闪光点，及时予以肯定和赞美。

赞美孩子时，不要只简单说一句"对""做得好"，还需要把道理讲明白，帮他分析在这件事中他做了什么、对人对己有什么好处，以及别人会怎么看待，等等。

终于结束了一天的忙碌工作，小陈疲惫地回到家，听到宝贝儿子兴冲冲地喊了一声“爸爸”，他不由得又开心又忐忑，如果儿子缠着他去玩智力大转弯，那该怎么办。让他没想到的是，这次儿子拉着他的手坐到沙发上，关切地说：“爸爸你好累，今天就不玩智力大转弯了。爸爸，我知道你一定渴了，别着急，我去帮你倒杯水！”听完孩子的话，小陈的心里乐开了花。他当即对儿子表示：“儿子，爸爸好高兴，因为你学会疼人了。”

这样一来，孩子从爸爸的话语中知道体贴别人是一种好的行为，因而会继续坚持下去，“体贴”一词会长久地停留在他的脑海里。

刘女士是位少儿心理辅导专家。有一次，她去朋友家串门，刚进家，就看到朋友在教训她的孩子小明。刘女士过去询问原因，这才得知原来朋友发脾气，是因为小明已经上了六年级，写出来的字还是丑得没办法辨认。为了这件事，朋友没少操心。又是给小明报书法班，又是买字帖回来练习，但效果都很一般，小明的字还是没有一点点长进。

刘女士听完朋友的牢骚后，点了点头，说道：“我看看小明的字，到底写得如何。”小明的妈妈忙带着刘女士进了小明的卧室，拿出小明的作业来给刘女士看。

刘女士看了一会儿，说道：“小明的字其实挺不错的，很有特点啊！有书法家的神韵在！”

“真的吗？”小明阴郁的脸上突然有了笑容。

“当然了。刘阿姨骗过小明吗？”

“没有！”

“所以嘛，你要相信刘阿姨，你的字还是很不错的。只是写横竖的时候稍微有一点儿不直，在笔画组合的时候，稍微显得有点儿乱。只要把这些细节处理好了，小明的字会很了不起，以后说不定还会成为书法家呢！”

“妈妈，听到了吗？刘阿姨说我好好练习的话，以后都能成为书法家呢！”

小明说着，骄傲地抬起了头。

看到突然有了精神的儿子，小明的妈妈和刘女士都忍俊不禁地笑了起来。

孩子练字也是一个需要解决关键问题的技术性工作。换句话说，家长只是做单纯的口头鼓励，并不能起到特别明显的作用。这就要求家长们能够静下心来，仔细帮助孩子查找练不好字的难点所在。比如，小明就是不懂得审美和间架结构的合理搭配。解决了关键问题，我们的赞美才能够真正奏效。否则，一味地说“你能练好”，然而孩子就是没有进步，那样也是对孩子自尊心的伤害。

赞美孩子时，除了要赞美得及时，还有以下方面应该注意。

1. 对于孩子一点一滴的进步，都应该赞美

如果孩子的点滴进步都能得到父母的肯定与赞美，那么这对于孩子来说就是最大的收获。每一个孩子因家庭背景、生活环境不同，所表现出的进步也有所不同。如果两个同龄的孩子在写字和算术方面有所差距，这也不能说明写字不好或是算术差错率高的孩子就没有进步。因此，父母应该从一点一滴的细节中发现孩子的进步。只有懂得及时赞美孩子的每一个进步，才能让孩子摆正心态，继续前进。与此同时，父母也会得到孩子更多的信任与爱戴。

2. 发掘孩子身上的优点

每个孩子在有缺点的同时必然拥有优点，很多父母将关注点放到孩子的不良行为上，却忽视了孩子的闪光点。孩子的心灵是脆弱的，需要父母的呵护与关怀，而父母关怀孩子的最好方式则是对他的肯定和赞美。如果父母只盯着孩子的缺点不放，不但徒劳无功，还会伤害孩子幼小的心灵。反之，如果将注意力放到孩子的闪光点上，孩子便会从父母的夸赞中获得能量，在不知不觉中变得更优秀。

3. 赞美不可过度，学会适可而止

过分赞美，还会给孩子带来困扰，让孩子觉得父母对自己的期望过高，这样一来，孩子一旦没有达到父母赞美的程度，就会感受到巨大的压力，陷入焦虑之中，严重者还会失去自信。

高情商的父母，最懂得从孩子的角度与他沟通

每一位父母也都曾经是小孩，对小时候被“教训”的经历肯定深有体会。那时，相信他们也肯定很迷茫，对大人感到气愤，想不通为何大人不理解自己。然而，等到他们自己也成了父母，却又是以大人的角度去看待孩子，丝毫不顾忌孩子的感受。

孩子都有自己的想法，希望得到父母的理解和尊重。然而，很多父母对待孩子就好像上级对待下级一样，不但不认同孩子的想法和行为方式，还强加干涉。

其实，很多教育孩子的问题都不难解决，只要当父母的懂得蹲下来，以孩子的角度去看待问题，和孩子一起讨论问题，就能够赢得孩子的心，让孩子敞开心扉。

有一天，慧慧的妈妈买完菜回到家，进门的瞬间，她就震惊了。她发现慧慧的衣服上、手上甚至头发上都沾满了水彩颜料，整个人成了大花猫。不但如此，就连她辛辛苦苦收拾干净的家，现在也是凌乱不堪，茶几上的桌布、沙发罩都被颜料染得斑斑点点。

妈妈看到这儿，气不打一处来，走上前就准备“教训”慧慧。可当她走到慧慧身后，看到慧慧用水彩画的画时，她扬起的手慢慢地放了下来。虽然画得不算高明，但上面有太阳、草原、房子，还有看起来像小朋友的几个人正一起玩耍，看起来又温暖又明亮。

看着看着，妈妈忽然想到自己小的时候，也很喜欢画画。她蹲下身，轻轻地对慧慧说：“我们一起画好不好？”慧慧高兴地拍手答应了。

就这样，母女俩一起又在房子旁边画上了秋千，在房子的前面画了一条小河……时间过得很快，转眼到了晚上，当慧慧的父亲回到家时，母女俩都没有发现，

不亦乐乎地继续画着这美好的一天。

妈妈与慧慧能够这样愉快地度过一天，最主要的原因是妈妈并没有因为慧慧的“捣乱”而教训她，而是懂得蹲下来，回归到自己孩童时的心态，因此成就了一次美好的亲子互动。

学会蹲下来，站在孩子的角度看待问题，这样不仅能够理解孩子的想法和做法，也会对孩子有更多的包容和肯定。当孩子感受到家长的认可后，他的内心会感到愉快和满足，这会让孩子的成长更加健康。

沁沁放学回家后，向妈妈抱怨道：“今天老师当着全班同学的面批评我，弄得我下不来台。”妈妈立即质问道：“你是不是做了什么错事惹老师生气了？”沁沁说：“我什么都没干，是老师借题发挥。”妈妈用不信任的口气说：“你就会找借口。”沁沁不开心地瞪了妈妈一眼，不吭声。妈妈继续追问：“那你是怎么想的，又打算做些什么呢？”沁沁噘着嘴，提高音量说了句：“什么也不想，什么也不做。”

妈妈意识到，两人这样针锋相对地交谈下去，非但解决不了问题，还会引发矛盾，于是决定放下家长的架子，以同学或是朋友的身份与沁沁交谈。她用温和的语气说：“老师当着全班同学的面批评你，我想你当时一定感到很委屈，又很没面子吧？”

沁沁的态度发生了转变，她抬头看了妈妈一眼，眼中的怒气已经平息了不少。接着妈妈又说道：“其实，妈妈小时候也遭遇过类似的事情。记得上小学四年级的时候，我参加期末考试，结果进了考场，发现自己忘记带铅笔了。我很害怕，赶快起身向旁边的同学借，谁知老师以为我要作弊，当场就对我进行了批评教育。当时，考场上那么多同学都看着我，或许也认为我是个作弊的坏孩子，弄得我既尴尬又气愤，一点儿都没有心情答题了。”沁沁听得津津有味，好像都忘记了自己先前的不快，她对妈妈说道：“其实我也是想跟同学借块橡皮用，总不能在本上乱涂乱改啊，可是老师偏偏认为我是错的，还批评我，真是不公平。”妈妈附和道：“这确实不公平，那么为了避免再次被老师误解，我们是不是应该想想别的办法？”

沁沁和妈妈交谈得很愉快，心情大好，她开心地说：“很简单啊，那我多准备一块橡皮不就好了？”妈妈点点沁沁的额头，笑着说道：“你真是个小机灵鬼。”

每一个孩子都有一个自己的世界，每一个孩子都是一个独立的天才，家长不能小觑了孩子。无论是哪个家长，都不得不承认孩子在一天天慢慢长大，他们有自己的世界和想法。也许在家长的眼里，他们总是孩子，但家长如果有足够的细心和观察力，肯定会发现，孩子在不知不觉中思考着许多家长认为他们毫不知情的事情。当然，因为年龄和人生阅历的关系，孩子所知、所想的只是一些表面的、肤浅的事情。但无论如何，孩子已经开始独立观察、细心思考了。如果家长能够走进孩子的心灵世界，明白孩子的所思所想，便可以适时地在孩子遇到困扰时加以正确疏导，引导他们少走弯路。在孩子增长文化知识的同时，帮助他们学会做人做事，渐渐变得成熟起来。

那么，父母如何走入孩子的内心呢？

1. 理解和融入

走进孩子的心灵世界并不是想象的那么简单，孩子会在家里的白墙上随意涂鸦，孩子会因为玩水弄得浑身湿透，满地是水……孩子会在墙上画出认为最有创意的图案——尽管在家长眼里是破坏！家长要想成为孩子的知心朋友，就不能以家长的身份去压制孩子，而是要让孩子在一个相对平等、宽松的环境中健康成长。孩子的心是最纯净的，也是最宝贵的，家长能做的，是去理解和融入它。

2. 从小给予更多陪伴

在家长的眼里孩子是一本厚厚的书，从童年到少年，从少年到青年时代，家长都在慢慢地一页页往后翻，但要真正读懂孩子却并不容易。父母们如此总结：随着时间的推移，孩子年龄的增长，我们越来越不了解自己的孩子了。

事实上，孩子如果在很小的时候，言行举止总被家长指挥着，他们内心的真实感受，家长又如何能够明白呢？随着孩子年龄的增长，他们和家长之间的隔阂只会越来越大。这样的家庭教育，注定是失败的。

与之相对，如果家长能够在孩子很小的时候就陪伴孩子一起成长，懂得站在孩子的立场上思考问题，并且和孩子在一起时保持一颗童心。那么，随着时间的推移，家长就会真正走进孩子的内心世界，成功的家庭教育也不会与你失之交臂了。

3. 保持一颗童心

孩子就是人性最本真的代言人，能够准确理解和把握人性的家长，往往拥有正确的家庭教育观。然而，不少家长以过来人、权威自居，看待孩子时总是以成人的眼光，他们认为孩子的行为简直是幼稚至极，满脑子都是孩子的缺点。殊不知，对待孩子报以这样的眼光，只会让自己和孩子渐行渐远，又怎能真正走进孩子的内心世界呢?

对待孩子，家长一定要保持一颗童心，这也是和孩子沟通的重要前提。在现实生活中，家长一定要给孩子多一分的理解和宽容，学会站在孩子的角度去思考问题，减少对孩子的严厉苛责，这样才有助于搭建亲子之间的感情桥梁，为孩子营造一个良好的成长氛围。只有当家长真正做到这些，孩子内心世界的大门才会为你敞开，孩子才会打心底认可你这位心灵导师，这样你才能帮助孩子健康快乐地成长。

4. 蹲下时，保持与孩子同等的高度

下蹲的时候要和孩子保持同等的高度，不单单是要求家长做到表面上的平等，实质上，这是暗示家长要在心理上和孩子保持同等的位置。家长只有这么做，才能真正实现用平等的态度去和孩子交流。而只有在心理上和孩子保持平等，孩子才会将自己的心扉向家长敞开。

蹲下来，这一步非常关键，因为不管孩子的想法正确与否、有无道理，只有从生理上和心理上都能蹲下来和孩子说话，进入孩子的世界感受孩子，家长和孩子之间才能更好地沟通，才能建立家长与孩子间更亲密的关系，只有在了解了孩子的真实想法之后，才可能有的放矢地教育孩子。

第十章

提高孩子情商，有些“雷区”万不可触及

照本宣科式的培养，无法提高孩子的情商

很多家长在看了一些讲述如何提高孩子情商的图书或者专家讲解后，完全依照着书中或专家的建议行事，最后却失望地发现，孩子的情商非但没有提高，反而产生越来越多的反感和抵触。这究竟是为什么呢?

事实上，书中和专家给出的建议只是一种大的方向，或者说在大多数情况下可供选择的方法。而每个孩子都是独立的个体，都是与众不同的。尤其在 6 ~ 12 岁这个年龄段，孩子正处于多方面发展的关键时期。家长应该把书中或专家给出的建议融会贯通，再结合自己孩子的情况进行灵活多变的教育方式，而不是不分状况、不分具体事情地照本宣科。

菲菲的爸爸最近在研究关于儿童教育的书，他从书上得知，孩子的情商培养和智商教育同样重要，拥有高情商的孩子甚至要比仅仅拥有高智商的孩子更加具有竞争力。因此，他从书店买回来了一套培养孩子情商的畅销书，准备好好研究研究，然后在菲菲身上试验一下，好将她培养成一个高情商的“成功孩子”。不过，菲菲却表现得不怎么领情。

“菲菲，你别愁眉苦脸的！你看啊，这样可不好。书上说了，高情商的孩子乐观是第一位，因为乐观呢……”

爸爸刚搬出自己精心总结出来的读书心得，准备进行一次教育演练时，菲菲就没好气地打断了他：“哎呀，爸爸，我这会儿烦着呢，怎么可能笑得出来！”

“心情不好？心情不好那就更要注意了。”爸爸赶忙翻开书，指着做了标注的几行字对菲菲说，“你看啊，书上说了，高情商的标准之一就是学会控制和调节自己的情绪，也就是‘不以物喜，不以己悲’。既然你这会儿心情不好，那就正好来练习一下控制情绪的方法。来，我跟你说啊，首先你可以用深呼吸的方法……”

“爸爸，我下个月的考试很快就要到了，我这几天正紧张着呢，你别拿你那个什么‘情商培养’来烦我了行吗？”菲菲说完，正准备转身进房间复习，爸爸却拉住了她。

“心烦是很影响考试发挥的。对了，我想起书里还有专门关于考试减压的方法，你可以试试。书上说啊……”

“哎呀，爸爸，你看看，你简直跟《武林外传》里整天唠叨‘子曾经曰过’的吕秀才一样了。书啊，还是你自己留着研究吧。”菲菲苦着脸走开了。

“我照着书上说的教育你，我还有问题了？”爸爸疑惑地自言自语。

上述事例中的爸爸为了培养孩子的情商，特意买了相关书籍认真研究，想在孩子身上试验一番，并希望能对提高孩子的情商有所帮助。可是，爸爸的好心似乎并不为孩子所接受。其实，孩子的抵触并不是没有道理。从教育的方式来说，爸爸未免有点太过死板，对书籍过分依赖；从教育结果来说，孩子没有接受，这种教育方式自然也没有什么成效。

照搬教条、照本宣科式的教育方法显然是不适用的。首先，从情商教育这个概念本身来看，情商是一种抽象智慧，体现在生活的各个方面，需要解决的问题也是生活中的不同问题。因此，它涉及的范围很广，与此相应的针对性是有限的。那些照本宣科似的“规律”，显然是无法适应这种灵活的问题的。其次，这种死板的教育方式缺乏新鲜感，对孩子来说也没有吸引力，要想孩子自然而然地接受是很困难的。

书是死的，而生活中面临的问题却不是那么固定和死板，要想以书籍内容的“不变”来应对生活的“万变”，显然是办不到的。因此，家长对孩子的情商教育应该采用灵活多样的方式和手段，这样才能更好地达到教育的目的，提高孩子的情商，帮助孩子更好地成长。这里有几点建议供各位家长参考，希望能对家长们有所帮助。

1．家长不要过分依赖和信任书籍

书籍是对优秀思想的集合表达，因此具有很高的借鉴意义和学习价值。家长在教育孩子的过程中，参考一些相关书籍是很有帮助且很有必要的，但是这并不意味着对孩子的教育完全依赖于书籍。尽信书不如无书，家长如果过分依赖书籍，则会陷入书籍的教条里，这就变成了“死读书”。而教育孩子不是一板一眼地答卷做填空题，仅仅依靠那些教条或规律是解决不了实际问题的。

2．家长要学会“举一反三”

书中的教育方式的确有许多是很有用的，家长在教育孩子时可以试一试或作为参考。但是，这些方式并不是唯一的途径，所以家长在教育孩子时不要原封不动地生搬硬套，而要弄清楚这些方法背后的目的以及核心思想，真正了解其用意，然后以这些方法为起点，达到举一反三，做到融会贯通，让这些“教条”发挥更大的效用。知识也是来源于生活中的经验，家长在阅读书籍时要注意结合生活实际，从实际出发，并在实际中运用和实践；将书籍中的知识变成实际教育中的力量，并在实践中不断总结。通过理论和练习的双重锻炼，家长也可以将自己打造成“教育达人”。

3．教育方法要灵活多变

再神奇的良药，如果使用次数过多，病毒也会产生抗体。同样的道理，再神奇的方法，如果一成不变地天天使用，过不了多久，孩子便会觉得没有新意，变得无动于衷，最后家长的教育计划也只能以失败告终。

孩子的天性是好奇的，家长的教育方式需要灵活多变，保持新鲜感和趣味性，将书中枯燥的教条理论变成可观、可听、可感的生动实践。这样一来，孩子自然会被吸引，并且乐于尝试。

再好的教育方法，如果不被孩子接受，那也是徒劳。因此，家长还要根据孩子的喜好和特点来选择适合孩子的教育方式，或者将教条理论进行改造，使之与孩子的实际情况达成一致，这样才能让它真正发挥作用。比如培养孩子与人合作的能力，除了家长自己陪孩子进行游戏合作外，还可以让孩子多与同龄人进行合作，或者经常和不同的人进行合作尝试，培养孩子与人相处的能力。总之，家长的教育方式要灵活多样，对孩子有吸引力，这样才能提高孩子的情商，帮助孩子顺利成长。

情商教育要有度，施压过重只会适得其反

孩子到了五六年级的时候，要学的科目突然变多了，作业负担也一下子繁重起来，随之而来的烦恼也自然越来越多。家长们在这个阶段如果过度强调情商训练，不仅不会提高孩子的情商，反而会使孩子产生逆反心理，严重时甚至会为亲子关系带来不良的影响。

“珍珍，你看看都几点了，磨磨蹭蹭干什么呢？还不赶紧去上课！”

“珍珍，该去练钢琴了。快点！”

“珍珍，你看看你的时间表，这会儿是玩的时候吗？”

…………

珍珍每天都要听着妈妈这么唠叨几百遍，她觉得自己耳朵都要起茧子了。

原来，珍珍妈妈最近在对珍珍进行“情商培养魔鬼训练”，为珍珍安排了一张作息时间表，目的就是为了增强珍珍的自我管理和自我约束的能力，让她变成一个高智商、高情商的人才。

看着密密麻麻的时间表，珍珍叫苦不迭。每天的忙碌让她的身体和精神都很吃不消，心情也跟着变得沉重和压抑起来。

“我妈真是的，非要我培养什么‘情商’，还嫌弃我笨，整天催来催去，我都快被逼疯了。”有一天，珍珍坐在教室里，无奈地向好朋友晓芳诉苦。

“情商培养？你妈妈这是唱哪出啊？”晓芳好奇地问。

“唉，我怎么知道。你知道吗，我妈现在连衣服都不给我洗了，什么都要自己动手，自己动手就自己动手吧，还整天像闹钟一样地催我，我都快烦死了。”珍珍不停地抱怨着。

“其实你妈也是为你好吧。”

“嗯，我知道她是为我好。可是现在这样搞得我好累。唉，我妈还不知道要对我‘教育’到什么时候呢！”珍珍闷闷地说道。

上述事例中的珍珍因为妈妈的“情商培养魔鬼训练”而苦恼。其实，情商教育并不应该成为孩子的负担，情商的培养可以体现在生活的各个方面，让孩子在生活中不知不觉地培养情商。

情商教育不应该是明确的一种任务，让孩子感觉如同在完成一项枯燥的任务。情商教育一旦变成孩子的负担，往往会弄巧成拙，使得孩子从心理上对所谓的“情商培养”产生厌烦的情绪，变得消极和抵触。尤其是青春期的孩子，逆反心理比较明显，更有可能加重逆反情绪，亲子关系也会受到不良影响。

情商教育如果变成孩子的烦恼，同样会成为家长的负担。如果家长再缺乏耐心，那么孩子的情商教育会更加困难重重。我们再来看另一个事例。

君君是个女孩，虽然有个男孩子的名字，性格也一直有点像个“假小子”。可是最近，这个“假小子”却有点不太一样了。

细心的爸爸首先发现了孩子的问题。一向大大咧咧、开朗活泼的她，这两天却总是一回家就闷闷不乐地独自待在房间里，话也没有平时多了，也没有平时爱笑了。

这天晚上，吃过晚饭后，君君又一言不发地回到房间，“砰”地关上房门。

“咚咚咚！”

爸爸的敲门声把君君吓了一跳，只听爸爸说道：“君君快点开门，我还拿着东西呢。”

君君打开门，看到爸爸端着一杯果汁和一个削好的苹果进来了。

“在看书啊，心情不好就不要看这样的书了，”爸爸随手合上了君君书桌上的数学书，“来，看看这个吧。”说着，他像变魔术似的从背后拿出一本《人生感悟》，“不过这会儿你不适合看书，不如先吃个苹果吧。”

“爸爸，我不想吃。”君君有点难过地说。

“如果有不开心的事，说出来或许会好点。就算我不能帮你，但至少可以听你说说话。或许以我几十年的经验，还可以给你出出主意呢。”

君君的脸上不由得露出笑容，于是把连日来的学习压力以及她和好朋友之间的小矛盾一股脑儿地说给了爸爸。

爸爸听得很认真，听完，他笑着说：“其实，学习上你不需要有那么大的压力，成绩并不能说明一切，尽力了就好。至于你和朋友之间的小摩擦，我觉得真正的朋友之间是不会在意这些小事的，如果斤斤计较，那只能说明关系还不够好。所以呢，你先审视一下你们的关系，然后再想想要怎么做。”

从这个事例中，我们发现，在培养孩子情商方面，家长要采用轻松、自然的方式，让孩子在愉快的谈话中收获高情商，健康成长。这里有几点建议可供家长参考。

1．家长要正确认识情商教育

家长要培养孩子的情商，首先要对情商有正确的认识。情商教育要培养孩子正确认识情绪，并能实现自我调整和自我激励。情商高的孩子往往外向活泼、乐观积极，社交能力强。情绪是一个抽象的对象，因此对情商的培养无法像学校的学科教育一样，有非常明确的锻炼方式和题目训练。作为家长，对情商和情商教育要有正确的认识，比如通过查阅书籍资料等方式。家长在对情商的认识过程中要避免自己的“想当然”，从而对情商有一个科学、客观的认识。

2．生活是培养孩子情商的最好场所

情商培养的是孩子在生活中对情绪的控制能力，情商的培养也体现在生活的各个方面。家长不必刻意对孩子的情商培养进行“魔鬼训练”，做到顺势而为、因势利导就好。比如在孩子心情不好或发怒的时候，家长可以趁此机会教孩子学会调节心情。孩子无法对自己的情绪理智控制，家长就要帮助孩子学会控制和调节自己的心情。

孩子平时待人接物、为人处世的方式和态度就是孩子情商的具体体现，家长也可以注意观察，寻找孩子的“短板”，对孩子的情商进行潜移默化的影响，让孩子在生活和经历中提高情商，在实践和锻炼中提高情商。

3．家长的态度和方式很重要

本节开篇事例中的妈妈在训练孩子情商时如同一个闹钟一般监督孩子，这样的方式和态度其实是不对的。于是，孩子对这种训练方式产生了抵触情绪，而这种消极情绪本身便是对情商提高的不良影响因素。因此，家长的训练方式也是收效甚微。

在对孩子的情商教育中，家长要找准自己的定位，明确自己扮演的角色，才能发挥最大的作用。家长在孩子的生活中应该是引导者、帮助者、支持者，而不是监督者、规划者、操纵者，家长要学会蹲下和孩子说话，即和孩子在平等的基础上进行沟通，当孩子的良师益友，能够给孩子指导性的建议而不是命令，是和孩子交流而不是斥责。在态度上，家长要让孩子能够感受到家长的关心，让孩子能够放心地对家长倾诉。家长也要留意孩子的情绪变化，只有对孩子的心理状态、情绪及生活足够了解，才能对孩子的情商培养更加有计划。

情商教育，不能建立在伤害孩子的自尊心上

自尊，是人们对自己价值的正确评价，是我们相信自己的价值和能力的正确观念。随着我们每个人知识的增长、技能的提高和能力的增强，自尊也随之越来越强。在情商教育中，如果父母过分严苛，通过语言和行为严重伤害了孩子的自尊，那对孩子的身心发展是极为不利的。

周末，妈妈带天天去小姨家玩。临出门前，妈妈对天天千叮咛万嘱咐："天天啊，到了小姨家要听话，不要大声吵闹，不要随便动小姨家里的东西，更不要惹小姨家里的小弟弟哭，知道吗？玩具不要抢，你是哥哥，要照顾小弟弟的。还有，吃东西的时候不要那么大声。你要乖，要不然的话，小姨会觉得你不听话，妈妈也会很没面子。知道吗？"

"嗯，我知道了。那妈妈你能答应我一件事吗？"天天望着妈妈，有点胆怯地说。

"你说。只要你听话，妈妈肯定会答应的。"妈妈边给天天整理衣服边说。

"那你能不能不要在小姨家里骂我……"天天低着头，吞吞吐吐地说。

"那你就要记住我说的啊！只要你没错，我怎么会说你呢？我说你都是为你好，你要记住啊，犯了错改掉才是好孩子。"天天话还没说完，妈妈就义正词严地又说了他一顿。

"好吧，我记住了。尽量不去犯就好了。"天天无奈又有点委屈地说。

到了小姨家，天天一进门就和小姨家的表弟在一起玩去了，妈妈叮嘱他的话都忘了一半。

"这个是我的！"

“那你借我玩一会儿不行吗？怎么那么小气！”

天天想玩表弟的遥控车，可是遥控车是表弟的新宠，他不想和别人分享。但是面对身强力壮的天天，表弟夺不过他，只好使出了撒手锏——哭。这一哭，把自己的妈妈和天天妈妈都招来了。

妈妈不由分说就骂起了天天：“我是怎么跟你说的，你又是怎么答应我的！你看看你，跟你说了多少次，不许惹弟弟哭。你真是太不听话了。”妈妈的一通数落让天天很伤心。看着表弟在一旁得意扬扬地对自己扮鬼脸，天天更生气了，他觉得妈妈让他很没面子。

吃饭的时候，天天看着自己喜欢的红烧鱼，顿时忘掉了先前的不快，喜滋滋地大口大口吃了起来。妈妈看着天天这个模样，又开始数落他：“跟你说了多少次了，吃东西的时候嘴巴不要出声音。真是的，你都没有弟弟有教养。”

“嗯，我不好，那你找他做你的孩子好了。”天天涨红着脸放下筷子，站起身就要回家。

上述事例中的天天在亲戚家的表现让妈妈不满意，结果妈妈在其他人面前进行“公开教育”。这让孩子觉得很没面子，觉得妈妈不够爱自己，甚至建议妈妈“换孩子”。妈妈对孩子的教育没有错误，但是当着亲戚的面对孩子多次数落，会对孩子的自尊造成伤害。一旦孩子觉得伤害到自己的尊严，就会忽略自己的错误，转而将注意力放到家长对自己的态度上。孩子的自尊心是非常脆弱的，家长一定要保护孩子的自尊。有的家长可能认为孩子是“没有尊严”的，这样的想法是不正确的。每个人都是有尊严的，即使是孩子也不例外。孩子的自尊心更需要家长的培养和保护。如果在公开场合对孩子进行批评教育且言语生硬，会让孩子觉得自己出丑，也认为是家长对自己的不在乎和不尊重，严重者甚至会给孩子的心理留下阴影，对孩子未来的行为处事会产生深远的不良影响。因此，家长在情商教育中既要想办法帮助孩子提高情商，还要注意保护孩子的自尊心。这里有几点建议供各位家长参考。

1．家长要学会尊重孩子

从幼儿时期起，孩子的自我意识便开始形成，有的家长认为“孩子没有自尊心”的想法是不正确的。自尊心对孩子的健康成长有重要的意义，是孩子成长和前进的重要动力。孩子的自尊心其实是外界对自我意识的一种反馈，孩子都非常在意别人对自己的评价，尤其是家长的评价。家长的地位在孩子心中是非常重要而且特殊的，因此，如果家长对孩子的自尊心进行伤害的话，对孩子的影响会非常大。

作为家长，要尊重孩子的自尊心，而且要引导孩子学会自爱自重，更好地理解何为“自尊”。家长对孩子的尊重要发自内心，将孩子放在和自己平等对话的位置上，学会尊重孩子。这样，孩子才能体会到被人尊重的快乐，才能学会尊重别人。

2．家长要从细节上维护孩子的自尊心

尊重孩子不是一句口号，家长要将对孩子的尊重落到实处。对孩子自尊心的维护，家长要从细节做起。

首先，不要在大庭广众之下批评教育孩子。孩子不喜欢被批评，更不喜欢在大庭广众之下被批评。让别人知道孩子的错误，对孩子来说是非常伤面子的。将心比心，大人更是如此。己所不欲，勿施于人。即使孩子有错，也不要在大庭广众之下当即对孩子进行批评。

其次，家长要注意对孩子说话时的态度和措辞。过激的言辞和过分强硬的态度对孩子来说是一种不尊重。孩子的心灵非常脆弱，家长应该对孩子耐心地引导和帮助，而不是通过类似打击或攻击性的言辞来达到教育的目的。“良言一句三冬暖，恶语伤人六月寒。”语言的力量是非常强大且微妙的，家长对孩子进行教育时更要注意。家长可以采用行为暗示的方式来巧妙地维护孩子的自尊心。有时候，语言会伤人，家长不妨使用行为暗示，从而达到教育孩子的目的。

3．家长要注意孩子自尊心的“禁区”

错误有轻有重，正如有些错误不可原谅，孩子的自尊心也有不可轻易碰触的

禁区。在对孩子的情商教育中，家长要格外注意。

首先，家长如果经常因为自己的主观臆断或其他原因冤枉孩子，就会对孩子的自尊心产生严重打击。被家长冤枉会让孩子觉得家长对自己不信任，也会对自己的能力产生怀疑。长此以往，孩子还会消极对待问题，甚至会因为和家长对抗而故意犯错。因此，家长在生活中要注意不要冤枉孩子。如果冤枉了孩子，家长要记得及时道歉，并向孩子说明原因。

其次，不要到处宣扬孩子的错误。俗话说："家丑不可外扬。"对孩子来说，自己的错误如果经过家长的宣扬，最后闹得人尽皆知，自尊心就会受到非常严重的打击，孩子也会对家长感到不信任甚至产生敌意，这对亲子关系是非常不利的。

最后，家长要注意不要对孩子过去的错误揪住不放。家长如果总是将孩子曾经的错误挂在嘴上，那对孩子来说将是一个"不善意的提醒"，也会深深伤害到孩子的自尊心。

因材施教，情商教育不能忽视孩子性格

家长在培养孩子情商时，如果不能根据孩子的自身情况来设计教育方案，而是根据自己的要求和方式来强迫孩子，那么结果只能是适得其反，孩子会因为家长不恰当的教育方式而产生抵触或畏惧的情绪。这样更加不利于孩子接受家长的意见，对孩子的情商培养是没有益处的。

了解孩子的个性特点，不仅有利于家长因材施教，而且能够帮助家长发现孩子的“短板”，寻找孩子情商中的缺点，对症下药，这样才能切实提高孩子的情商，帮助孩子健康成长。

安安从小就是个乖巧听话的孩子，但是妈妈总觉得他不够活泼开朗，希望他能够像个男子汉。“你看看你，一个男孩子，成天躲在家里，说个话都吞吞吐吐，这样怎么行！”每当妈妈看着安安小心翼翼地说话的模样，总是忍不住这样数落他。

星期天，爸爸妈妈带安安去儿童公园。在售票口，妈妈对安安说：“安安，今天自己去买票好不好？今天人也不多，妈妈在这里等你。”

安安以前从来没有自己做过什么，现在妈妈却逼着他独自买票，他一下子有点儿害怕，只好把求助的目光转向一旁的爸爸。爸爸说道：“安安，你都这么大了，自己可以试一试买票。来，爸爸给你钱，记得找的钱要拿好啊。”

看到爸爸不仅没有“救”自己，反而帮着妈妈，安安顿时犯了难。“我……我……”他说话都变得结结巴巴了。

“怎么吞吞吐吐的，连这点儿事都做不了吗？”妈妈就知道安安胆小怕生，看着他踌躇的样子，顿时来了气，声音都比平时大了好多。

“不要那么大声好不好？你看你都把他吓着了。”爸爸一看情势不好，连忙为安安说起了好话。

“你看看他，胆子这么小，跟人说句话都好像多为难似的。这么大的孩子了，谁还跟他一样啊，这样以后该多没出息！”妈妈越说越来气，瞪着安安一个劲儿地数落起来，“你真是越来越像个小姑娘了。你说这样下去，长大了怎么办？”

安安听见妈妈这么说，眼泪不由自主地在眼眶里打转转。其实，他自己不是不想让妈妈开心，只是他更喜欢一个人安安静静地待着，觉得这样很舒服。但妈妈显然并不这样想，她觉得这样像女孩，性格上好像有缺陷似的。

“今天你要是不自己去，那我们就不要去玩了！”妈妈强硬地说。她是铁了心想让安安变得坚强、独立一些。

看着妈妈凶巴巴的样子，安安只能在一旁手足无措地哭着。

上述事例中的安安是一个内向安静的男孩，而妈妈却希望他能够像别的男孩一样活泼开朗，能够自己学会做很多事，成为一个独当一面的小男子汉。但是从孩子的表现看，他显然对妈妈的这一要求有些无所适从。很显然，妈妈在对孩子提出要求时，忽略了孩子的性格特点，让孩子用他不喜欢或不适应的方式来处理事情。这种方式其实是不正确的。因材施教的道理人人都懂，但要实施起来却不是那么容易。这里有几点建议可供各位家长参考。

1．家长要对孩子的性格特点充分了解

每一位家长可能都觉得自己对孩子是最了解的。但即使如此，家长和孩子在处事方式上却还是会有分歧，随着年龄的增长，这种分歧还有可能会升级为矛盾。家长与孩子朝夕相处，要想了解孩子的性格特点可以通过很多方式，比如观察法。对于年纪比较小的孩子，可以通过观察他们生活中的细节，分析孩子属于外向性格还是内向性格，了解孩子的喜好、处事风格等。随着孩子的成长，性格也会发生或多或少的改变。因此，家长也要及时调整教育方式，随时保持对孩子的观察，以便帮助孩子更好地成长。

了解孩子的喜好特点，是促进家长和孩子更好交流的桥梁。比如，有的孩子不喜欢别人以“命令式”的语气来说话，那么家长可以在表达意见时在态度上稍作改变。这并不是家长一定要迁就或纵容孩子，而是一种尊重，也是为进一步的沟通打下良好的基础。孩子对自己情绪的控制能力弱，如果从一开始就让孩子对家长产生抵触情绪，那家长的建议和教育对孩子而言也是无用的。

2．根据孩子的个性特点设计教育方式

每个孩子的个性特点都是不同的，只有对孩子的个性特点了解后才能够发现孩子的缺点。比如有的孩子性格直率，做事雷厉风行，往往比较开朗，但偶尔会显得有些鲁莽。在和别人交往时，有时候会在不知不觉中伤害到别人。对这样的孩子，家长要教他说话做事学会三思而后行。而有的孩子天生胆小，比如开篇事例中的安安，做事畏首畏尾，不敢独自行事。对这样的孩子，家长要以鼓励为主，责骂只会加重孩子的畏惧情绪，更让孩子对自己没有信心。

人无完人，没有人的个性是十全十美的，家长要正视孩子的性格特点，为孩子量身定制教育方式，取长补短，让孩子拥有高情商。

3．家长不要按照自己的喜好打造孩子

家长总有“望子成龙，望女成凤”的心情，总希望孩子能够按照自己的愿望发展，甚至将孩子视作另一个自己，希望孩子能够完成自己的梦想。孩子是家长生命的延续，但也是独立的个体。每个孩子都有自己的自由，家长在教育孩子时要学会尊重孩子的个性发展，不要一味地希望孩子能够变成自己希望的样子。比如有的孩子天性比较文静沉着，属于内向的人，活泼好动和善于交际对他来说可能比较困难。那么，家长可以不用强求，只要孩子懂礼貌、没有心理问题即可，不需要强求孩子一定要左右逢源甚至八面玲珑。

任何性格都有优点和缺点，家长要尊重孩子的个性，教孩子发挥自己的特长，而不是按照自己的喜好对孩子进行改造。只有这样，才能帮助孩子找到适合他们发展的道路，弥补性格中的不足，提高情商。

没有立竿见影的教育，急功近利只会揠苗助长

很多家长在对孩子进行情商教育时，希望在短期之内就看到孩子取得很大的进步。这是不现实的。情商教育是一个慢工出细活的事情，是通过一点一滴的积累，慢慢形成的一种良好习惯。若是家长过于急功近利，就等于是在揠苗助长，不仅不会有任何帮助，反而会造成更多的矛盾。因此，在情商教育方面，家长一定要有足够的耐心。

不知道从什么时候起，毛毛的脾气变得越来越不好，爸爸妈妈总觉得是小时候对他太过宠溺，以至于他现在动不动就和别人发生矛盾，而妈妈对他的管教也开始变得严厉。这天，毛毛又发起脾气，气哼哼地钻回卧室，“砰”地关上门不肯出来。

“得，今天又不知道是哪根筋不对了。”爸爸已经对毛毛的这种行为习以为常了。

“我真没见过这么不懂事的孩子，怎么说都不长记性！”妈妈没好气地说，“你看看，这距离他上次发脾气才多久？他今天又闹成了这样！”

正说着，毛毛从卧室里走了出来，凶巴巴地瞪着妈妈说：“我饿了！”

“饿了，你自己去吃啊，跟我说什么？你看看你现在的样子，整天好像谁欠了你多少钱一样！”妈妈听着毛毛态度不好，不由得更加生气了。不过气归气，她还是去厨房准备起饭菜来。

吃饭时，看到毛毛闷声不响地吃着饭，跟他说什么都爱搭不理，妈妈忍不住又数落起来：“你说说你，整天这样像什么样子！跟你说了多少遍了，不要在外面和别人发生冲突，对家长说话要有个说话的样子。唉，你看看你，站没站样，

坐没坐样，要跟你说多少次才能记住。唉，你看看，我说过吃饭不要那么大声。你说我的话你能记住多少……真是的，简直太不像话了！”

“妈，你这些话我都快听得耳朵起茧子了。你看看你，这些天说了多少次了，我不想再听了！”毛毛听着妈妈千篇一律的话，把筷子一摔，说道，“你这两天是怎么了，嫌弃我这个嫌弃我那个。我这么多年都是这么站这么坐这么吃饭的，一时改不过来！”

“你看看你，自己有错还有理了是吧？真是气死我了！”妈妈气呼呼地看着毛毛，抬手想教训他几下，结果被爸爸拦住了。

“你这是干什么！”爸爸对气呼呼的妈妈说，“你要让他改，总得给他点儿时间吧！”

上述事例中的毛毛从小被家长宠溺。当发现孩子的脾气开始越来越暴躁时，妈妈想对孩子进行情商教育，帮助孩子改正习惯，但是妈妈的方式有些操之过急，因此导致了家庭矛盾升级、亲子关系恶化。

“冰冻三尺，非一日之寒。”习惯的养成不是一天两天，要想改正也不是一两天可以做到的。教育是一件非常考验耐心的事，对孩子和家长都是一种考验。家长要想在对孩子的情商教育中取得立竿见影的效果，是非常困难的，也是不现实的。急功近利的教育会给孩子和家长施加很大的压力，同时会让家长和孩子的情绪变得急躁，对亲子关系影响很大。家长的急切是因为对孩子的不满意，这会让孩子对自己失去信心，对孩子提高情商是非常不利的，而且对孩子的学习和生活各方面都会产生负面影响。

十年树木，百年树人。教育工作并非一朝一夕可以完成，尤其是情商教育，更是要在生活中不断经历才能不断学习，才会取得进步。因此，家长对孩子进行情商教育，不能操之过急。这里有几点建议可供各位家长参考。

1．家长要有耐心

情商是对自己情绪的控制和管理能力。克制自己的急躁，耐心对待身边的人和事，这也是情商教育的重要组成部分。如果家长过于急躁，经常对孩子发脾气，这种不良情绪会对孩子产生很大的影响，给孩子起到一个不好的示范。

作为一个高情商的家长，一定要有高情商的表现，首先要对孩子有耐心，这样也会让孩子在轻松愉快的氛围中进行学习。比如，看到孩子屡教不改时，家长不要不容分说就对孩子进行批评和否定，让孩子觉得自己很差劲。家长处理问题的方式对孩子有很大影响，孩子不知不觉中会模仿家长处理问题的方式。这样一来，家长非但没有提高孩子的情商，反而给孩子树立了反面榜样。因此，要想教育孩子，家长自己首先一定要有耐心。

2．家长要给孩子改正错误的机会

“人非圣贤，孰能无过。”孩子更是如此。每个人都在犯错中不断学习、积累经验，这样才能取得进步。

家长在面对孩子的错误时，不要不问青红皂白便大发雷霆。家长要明白，孩子犯错是正常的，即使在同一个地方上跌倒两次也是情有可原。孩子犯错时，家长要引导孩子认识到错误并能够改正错误，让孩子在错误中学会总结经验、不断进步。这个过程不是一两天就可以完成的，家长不能操之过急。

错误让人成长，家长要允许孩子犯错。其实，犯错并不是一件坏事，因为错误暴露出孩子情商中存在的问题，为家长的教育指明了方向。因此，家长要正确看待孩子的错误。

3．家长要做好打持久战的心理准备

情商涉及范围广、内容多，情商教育更是一场持久战。孩子在不同年龄、不同时期面临的问题不同，需要的情商智慧也不同。比如婴幼儿时期，要提高孩子的辨别能力、行动能力；儿童时期，需要孩子懂得文明礼貌，提高孩子的生活自理能力及简单的是非分辨能力；青少年时期，则需要对孩子的情绪控制和管理能力进行培养，教孩子学会坚强、认真等品质，为孩子未来的学习生活打下良好的基础。

其他方面，还包括人际关系的培养，教孩子学会和不同人的相处之道，包括与朋友、与家人、与同学相处，直到孩子长大成人，与同事、与恋人相处等，都需要家长对孩子进行培养。

因此，情商教育不是一个短期任务，而是一个非常艰巨的持久战，每一个环节都不可略去，也不能操之过急。作为家长，要有心理准备，用耐心、信心和正确的方式对孩子的情商进行培养，让孩子成为一个高情商的有用之人，在未来的社会竞争中能够游刃有余，轻松应对学习和生活。

孩子的想法虽然“可笑”，但也不该轻易否定

世界上没有两条相同的河流，没有两座相同的山峰，亦没有两片相同的树叶，人的想法更是千差万别，很难遇到想法完全一致的人。父母和孩子因为立场不同、经历不同，常常想法相悖，这是正常的现象，不需要太介意。对于孩子的想法与观点，我们不能一味地迁就，但也不能完全不给孩子机会就全盘否定。完全没有认同，只是否定、否定、再否定，这会让孩子越来越没有自信，越来越不愿意把心事说给父母听。

传统的教育观念往往强调让孩子遵循某些固定的规范，忽视孩子的个性成长，而所谓的“规范”又是由老师和家长单方面制定的，许多时候它甚至成为压制孩子的工具。孩子好不容易有勇气向父母表明他的观点和想法时，父母在还没明白事情的来龙去脉时就强加制止，或是用极端的方式去否定孩子的观点和想法，这样只会让孩子变得越来越不“听话”，越来越难以管教。

妈妈周末带着飞飞去花卉市场买花。飞飞看到一朵花很漂亮，于是跑了过去闻了闻。突然飞飞赞叹地说：“哇，花在跟我说话呢！”

妈妈望了飞飞一眼，说道：“花怎么会和你说话呢？”

“我刚才是觉得花在和我说话啊！”飞飞重复道。

此时，妈妈斩钉截铁地对飞飞说：“我告诉你，花是不会说话的。”

面对孩子，父母们需要多一点儿耐心和童心，这位急于否定孩子想法的妈妈，并不了解儿童的心理。孩子眼中看到的世界与成人不同，往往是不切实际、天马行空的。聪明的父母应该顺着孩子的话题，运用对话的技巧，把孩子的话引下去，

同时也要肯定孩子的想象力、创造力等有益于孩子智力发展的方面，而不应马上把孩子带回现实世界中来说明事情的真相，“纠正”孩子的想象力。若要求 3 岁的孩子有 5 岁的样子，对成长而言是最残酷的事情。

父母想要理解孩子心中更多的秘密，更要借着孩子倾诉的内容来探寻。比如，这位妈妈完全可以这样与飞飞对话。

飞飞说：“哇，花在跟我说话呢！”

妈妈拍手说：“好棒啊，花儿跟你说什么了？我们也想听听。”

飞飞说：“花瓣告诉我，叶子昨天没洗澡。”

妈妈闻着叶子，皱眉说：“那花儿还是香香的吗？”

飞飞说：“虽然叶子没有洗澡，但偷偷擦了花儿的香水，所以还是香香的。”

同样的对话，只要大人们改变一下态度，结果就完全不同。这样不仅可以陪孩子进入到一个充满奇妙幻想的世界，更能带来无限的创意与快乐，孩子幼小的心灵也会得到满足感，觉得大人能了解他的感受。

父母应尊重孩子的想法，并给孩子适当的鼓励和引导。另外，不要把现在不可能的事情认为永远都不可能发生。父母还要鼓励孩子尽情想象。例如，当孩子对你说：“妈妈，我长大了要到太阳上去探险。”你千万不要对他说：“傻瓜，太阳那么热，这是不可能的。”而应当鼓励、引导孩子：“你的想法很好，但那需要有丰富的知识，从现在起你就要好好学习，将来发明一种不怕高温的太空船和太空服，这样才能去太阳上探险。”

父母一定要用心地倾听孩子每一个“可笑”的幻想，而不要嘲笑他们，因为每一个奇妙的想象在若干年后都有可能变成现实。在倾听孩子的想法上，在这里给父母们以下几点建议。

1. 耐心听孩子说话

对于父母来说，耐心听孩子说话其实是一门艺术，而有时候仅仅是听，就表明了家长的态度：“你说的话很重要，爸爸妈妈喜欢听。”在日常生活中，父母不仅要学会用耳朵听，而且还要学会用眼睛“听”，要睁大眼睛看着说话的孩子，让孩子知道父母是尊重他的，以增加孩子表达自己想法的勇气。

2. 对孩子的话感兴趣

父母要对孩子想说的话表示出很大的兴趣和十分认真的态度，这会使孩子对父母产生亲近感。父母可以用肢体语言，即面部表情、身体姿态，如靠近孩子，与孩子表情“共振”；同时不要忘了配合口头语言，如一边听着孩子讲话，一边频频点头说“是吗”表示关注，表示“你说的我都明白了”。因为如果孩子一旦认为自己讲的话被父母接受了，就会对说话产生自信、对父母产生信任。

3. 站在孩子的角度去理解孩子的内心

父母应站在孩子的角度，理解孩子的思维方式，引导他们正确地区分和表达。孩子的心是纯真的，孩子的眼睛是纯洁无瑕的，他们以自己的方式体验和成长。父母应该理解孩子，而不要给他们当头棒喝，不要急着去责备，学着用孩子的思维方式去思考问题，才能更走近孩子的心灵。

4. 允许孩子提出不同的意见

孩子有时候想象力丰富，会提出许多迥异于大人的“意见”。这个时候，父母对于孩子大胆的想法要予以肯定和鼓励，给孩子创造一个自由、宽松的语言表达环境。

在日常的生活中，父母应该处处意识到培养孩子自主思考能力的重要性，培养他的求异思维、发散思维和逆向思维，鼓励孩子与众不同、标新立异和突发奇想，要孩子拥有属于自己的想法。只有这样，才能使孩子没有压抑感，敢于张扬自我；才能让孩子平心静气，坦然接受失败和错误，并将其转化为成功的基石。这一切将为孩子打造一个健康的心灵，使他们成为一个“抬起头来走路”的自尊、自信的人。